Guillermo Salamanca Grosso
Fredy Alexander Borja Peralta

ESTUDIO DE LA FLORA POLINÍFERA

Guillermo Salamanca Grosso
Fredy Alexander Borja Peralta

ESTUDIO DE LA FLORA POLINÍFERA

VINCULADO AL SISTEMA APÍCOLA PRODUCTIVO EN LOS MUNICIPIOS DE BELÉN Y CERINZA (BOYACÁ, COLOMBIA)

Editorial Académica Española

Imprint

Any brand names and product names mentioned in this book are subject to trademark, brand or patent protection and are trademarks or registered trademarks of their respective holders. The use of brand names, product names, common names, trade names, product descriptions etc. even without a particular marking in this work is in no way to be construed to mean that such names may be regarded as unrestricted in respect of trademark and brand protection legislation and could thus be used by anyone.

Cover image: www.ingimage.com

Publisher:
Editorial Académica Española
is a trademark of
Dodo Books Indian Ocean Ltd. and OmniScriptum S.R.L publishing group

120 High Road, East Finchley, London, N2 9ED, United Kingdom
Str. Armeneasca 28/1, office 1, Chisinau MD-2012, Republic of Moldova, Europe
Managing Directors: Ieva Konstantinova, Victoria Ursu
info@omniscriptum.com

Printed at: see last page
ISBN: 978-620-0-03897-5

RESUMEN

La flora apícola es el conjunto de especies vegetales, silvestres o cultivadas, capaces de atraer a las abejas, las cuales obtienen su alimento néctar, polen y otros recursos útiles para la colmena. El levantamiento florístico juegan un papel singular cuando se trata del establecimiento de relaciones planta insecto, en el caso de la apicultura estas especies permiten determinar el origen botánico de mieles, polen y otros productos. En este estudio la flora de interés apícola relevante en bosque de cliserie en los municipios de Belén y Cerinza (Boyacá), que se relaciona, comprende 106 especies botánicas, distribuidas en 42 familias en la que predominó en número de especies el grupo de las Asteraceae con un 27% del total seguida de Ericaceae con 12 % y Melastomataceae con 7%. En relación a los especímenes predominantes que se encontraron fueron Asteraceae (*Baccharis sp, Taraxacum officinale, Bidens* sp.), Cunnoniaceae (*Weinmannia tomentosa*), Melastomataceae (*Miconia* sp.*, Monochaetum* sp.), Sapindaceae (*Dodonea viscosa*), Fabaceae (*Trifolium repens*),Myricaceae (*Morella parvifolia*), Elaeocarpaceae (*Vallea estipularis*), Myrtaceae (*Myrcianthes leucoxyla*), Verbenaceae (*Duranta mutisii*), Ericaceae (*Bejaria resinosa, Macleania rupestris, Gaultheria* sp, *Pernettya* sp) principalmente. Junto con ello se realizó el levantamiento de un atlas polínico y la descripción de los principales tipos polínicos, adicionalmente se estructuró un documento técnico taxonómico y fenológico para contribuir en la gestión económica y sostenible apícola incentivando la conservación ambiental y responder al conocimiento de la dinámica de las especies vegetales que se aprovechan desde los sistemas de beneficios de las colmenas en las distintas zonas biogeográficas colombianas.

Palabras clave: Flora polinífera de Belén y Cerinza (Boyacá), producción apícola sostenible, bosque de cliserie.

INTRODUCCIÓN

Colombia es un país de ecosistemas de variados, pisos térmicos y entornos de vida que propician una amplia oferta floral y por lo tanto ha sido objeto de investigaciones en relación con sistemas económicos de apicultura, sin embargo aun falta caracterizar zonas biogeográficas para su potencialización de valor agregado, generar publicaciones completas que puedan ser consultadas por apicultores, instructores, estudiantes y demás personas interesadas en el tema, con el fin de aportar un complemento a los productos de la colmena e incentivar la conservación del medio ambiente.

El conocimiento de la flora de importancia apícola es fundamental para la conducción racional del apiario, pues constituye el recurso con que cuentan las abejas para alimentarse y producir. La flora es la que define la alternativa productiva (miel, cera, polen, jalea real, propóleos, núcleos, reinas) y pone límite a la producción y las características del producto, permitiendo establecer pautas de manejo de las colmenas tal como la alimentación suplementaria (Echeverry 1984; Salamanca 2008), aprovechamiento de los recursos y caracterización de entornos como bosques de cliserie de las zonas altoandinas colombianas.

Por lo anteriormente expuesto, la Universidad del Tolima a través del grupo de Investigaciones Mellitopalinológicas y Propiedades Fisicoquímicas de Alimentos adscrito a la Facultad de Ciencias ha planteado el Estudio de la flora polinífera en bosque de cliserie, vinculado al sistema apícola productivo en los municipios de Belén y Cerinza en el departamento de Boyacá con el ánimo de caracterizar zonas biogeográficas, realizar la determinación botánica de las principales especies poliníferas y contribuir al entendimiento de las relaciones planta-insecto en las distintas ecoregiones del país como aporte a la investigación y el desarrollo de la apicultura colombiana.

1. PROBLEMA

1.1 JUSTIFICACIÓN Y FORMULACIÓN DEL PROBLEMA

Los estudios de flora juegan un papel singular cuando se trata del establecimiento de relaciones planta-insecto. En el caso de la apicultura estas especies permiten identificar el origen botánico de mieles, polen o propóleos y potencializar zonas biogeográficas para explotaciones económicas destacando las plantas nectaríferas y/o poliníferas de cada región, la época, duración de su floración, valor relativo como fuentes de néctar y/o polen considerando además que se pueden establecer medidas para la conservación de estas especies.

Las investigaciones en Colombia acerca de la oferta floral relacionada con los sistemas productivos de la colmena en cierta forma se encuentran aisladas y dispersas, haciendo que existan discrepancias en algunos sentidos que son importantes para la apicultura en general. A pesar de que en el país se han hecho investigaciones de la flora apícola, aun falta caracterizaciones biogeográficas y recopilaciones completas que puedan ser consultadas por apicultores, instructores, estudiantes y demás personas interesadas en el tema para lograr el desarrollo de más proyectos económicos productivos y ambientales.

En este sentido se hace necesario contar con información de tipo florístico que son preferencia alimenticia para *Apis mellífera* L. en áreas andinas de interés económico en los municipios de Belén y Cerinza (Boyacá) que permitan tipificar la calidad de los productos de la colmena de acuerdo con su origen botánico, entre estos el polen de importante demanda económica para lograr certificarlo de acuerdo a las normas y procedimientos de trazabilidad y darle valor agregado a esta fuente alimenticia. Por ende, en este proyecto se pretende responder a la línea de desarrollo alimentario, la botánica económica y la apicultura con el fortalecimiento de la investigación colombiana en la academia de los programas profesionales, proyecto que se hace potencial a través de uno de los grupos de investigación de la Universidad del Tolima.

1.2 OBJETIVOS

1.2.1 Objetivo General. Adelantar un estudio taxonómico de la flora en bosque de cliserie de interés económico vinculado a la producción de polen que se cosecha desde las instalaciones apícolas ubicadas en los municipios de Belén y Cerinza en el departamento de Boyacá.

1.2.2 Objetivos Específicos
- Realizar una descripción general de los factores de entorno y condiciones climáticas asociadas a sistemas de bosque de cliserie en los municipios de Belén y Cerinza en el departamento de Boyacá, con emplazamientos apícolas que permitan establecer la relación planta-insecto.

- Adelantar un estudio de campo a la zona de interés para establecer la flora dominante en entornos de apiarios en los municipios de Belén y Cerinza en el departamento de Boyacá.

- Identificar, determinar y caracterizar especies de interés apícola colectadas en bosques de cliserie vinculado a los sistemas de explotación apícola en las zonas de estudio de Boyacá.

- Elaborar un atlas polínico de referencia asociado a las principales especies botánicas de interés apícola asociadas a la relación planta-insecto en sistema de bosque de cliserie en las zonas de Belén y Cerinza (Boyacá).

- Estructurar un documento técnico conteniendo los aspectos taxonómicos de cada una de las especies de interés polinífera destacando su valor apícola, características y la fenología de oferta floral a través de referencias participativas con los productores de la zona y del trabajo derivado de la actividad de campo.

2. MARCO REFENCIAL

2.1 ANTECEDENTES Y ESTADO ACTUAL DEL PROBLEMA

La flora constituye uno de los recursos naturales más importantes para el hombre. De ésta, se pueden aprovechar directamente sus productos como semillas, flores o frutos, e incluso aquellos que como el polen y el néctar son procesados por las abejas para producir miel y almacenar polen para el sustento de la colmena, (Villegas, *et al*, 2003). Por consiguiente son diversos trabajos relacionados con la descripción de la flora, por países; se destacan los inventarios de carácter nacional en Brasil, (Juliano, 1970), México (Villanueva, 1984) como países latinoamericanos de mayor productividad y desarrollo apícola son bien conocidos; en Centroamérica se distinguen los trabajos de Ordext, (1978) y Roubik, *et al*, (1984), Citados por Ortega, (1987). Mateu, I. Burgaz M., Rosello J (1996), establecen la composición botánica de los pólenes que se producen en la comunidad valenciana (España) definiendo sus parámetros de calidad, para este mismo país se destaca un atlas palinológico para establecer orígenes botánicos de productos apícolas con uso potencial en apiterapia, Socorro y Espinar, (1998).

En Colombia, la mayor diversidad florística por unidad de superficie corresponde a las selvas húmedas tropicales del Chocó, Hernández *et, al*, 1988 citado por Díaz (2010); la diversidad ecosistémica nacional comprende 99 distritos y nueve provincias biogeográficas, suficientemente conspicua y se presenta a lo largo de todo el país, junto con estos registros Espinal, (1988), elabora inventarios para las especies botánicas indicadoras de consociaciones vegetales y los perfiles de entorno ecológico en distintas áreas geográficas colombianas.

Se destaca entre otros trabajos de Latinoamérica el de López P., (1986), el cual realiza un catálogo para la flora Venezolana, registra 148 familias, con más de 656 géneros y cerca de 1066 especies y se anexa los nombres comunes para hacer más fácil su comprensión. Las investigaciones de Palacios, *et al* (1990), describieron las características palinológicas de la reserva de la biosfera de Sian Ka´an, (Quintana Roo, México), aportando información sobre la morfología del polen, el habita de las especies y periodo de vegetación que se acompaña de una clave sinóptica para el polen. Pirani y Cortopassi, (1994), en Brasil, resaltó el potencial apícola de algunas especies de interés para la supervivencia de algunas especies de abejas de la zona de Sao Paulo, entre ellas *Paratrigona subnuda, Tetragonisca angutula, Trigona spinipes* entre otras y preparó un calendario floral. En algunos casos se describe el polen y las características de interés apícola de especies florales. Villegas, *et al*, (1999), considera características de entorno del estado de Michoacan (México), registrando los recursos apibotánicos en los distintos tipos de formaciones vegetales y la dinámica ecológica a través de establecimientos de las principales floraciones, distribución territorial de recursos florales, clima, suelo y orientación productiva apícola.

Marchini, *et al*, (2002), efectuó reconocimiento de plantas visitadas por abejas africanizadas de dos ecoregiones en el Estado de San Paulo – Brasil, perfilando las zonas con datos de cobertura, flora dominante y la relación planta-insecto de áreas de interés, realizando calendarios florales y especificando la intensidad de la floración encontradas en las localidades estudiadas. En Pirasacicaba (Brasil), se encontraron 94 especies de plantas pertenecientes a 41 familias y el mayor número de especies correspondió a las Asteraceae y Myrtaceae, otras zonas como estimaron cerca de 76 especies en 26 familias y el mayor número de especies son de la familia Asteraceae y Verbenaceae.

Arruda, (2002), realizó la caracterización y la fenología de la flora apícola en el Estado de Santa Catarina Brasil, presentando la diversidad florística y abundancia de familias botánicas Asteraceae, Myrtaceae y Fabaceae de seis mesoregiones geográficas del mismo estado donde relaciona calendarios florales de las principales especies apícolas e identificando meses de mayor oferta floral con encuestas participativas con los apicultores estableciendo diferencias significativas de períodos de floración entre las zonas de mayores y menores altitudes. Vidal, *et al*, (2002), adelantó un levantamiento de la flora apícola de la región de Cruz Almas-Bahía (Brasil) donde se consideró el potencial de la zona y determinación del revestimiento florístico como aporte a la adecuada programación en el manejo de sus apiarios, entre las familias se destaca Euphorbiaceae, Myrtaceae, Fabaceae, entre otros. Prete, *et al*, (2002), bajo el mismo contexto, presentó avances de la flora apícola de la zona de Varzea Delta del rió Amazonas, en el cual determina flora polinífera y nectarífera catalogando los calendarios florales bajo registros fotográficos y fichas técnicas de las especies botánicas con sus características taxonómicas y fenológicas para el desarrollo de la apicultura. Villegas, et al, (2003), presenta catálogo de especies más abundantes y con periodos de floración extendida en el estado de Tamaulipas (México), destacando las de mayor potencial apícola y relacionando registro de su distribución y de caracteres taxonómicos.

Sayas y Huaman, (2009), caracterizó la flora de polinífera del Valle de Oxapampa (Pasco-Perú) bajo una estrategia económica y de conservación de especies nativas, analizó muestras de polen corbicular determinando 47 taxa y correlacionando esta procedencia botánica con las fracciones porcentuales de los colores del polen y estableció una palinoteca de referencia. Reciente estudio realizado en Argentina sobre preferencias de *Apis mellífera* basadas en el aprendizaje de olores bajo diferentes situaciones experimentales, mostró que las recolectoras de polen tienen fuerte preferencia por olores de polen fresco incluso mayor desempeño con ciertas cargas polínicas lo que propociona un nuevo contexto sobre la selectividad floral de las abejas, Arenas, A. y Farina W. (2011).

Las abejas silvestres y colonias de *Apis mellífera* pueden compartir recursos similares en agroecosistemas de sectores de la Pampa (Argentina), en donde la actividad agrícola fue suprimida y difiere en algunas especies por parte del grupo silvestre, sin embargo observó diferencias para cultivos de girasol en cuanto a la frecuencia de *Apis mellífera* de acuerdo a observaciones de Medan, et al, (2011); la determinación de las especies vegetales más importantes para la apicultura y su ritmo de floración ofrece alternativas de desarrollo económico bajo un criterio de sostenibilidad y se analiza el grado de intervención antrópica del bosque nativo que se ha generado en Centroamérica en cuyo caso plantea estrategias de conservación, (Rivas S., Rodríguez S., Canals S., Bedascarrasbure E. 2011). Campos, et al, (2011), define las bases de un registro internacional para el sector apícola, con el ánimo de responder a la tendencia del mercado actual de productos con bondades nutricionales.

En Colombia no se ha investigado en profundidad las características de la flora melífera y polinífera, aunque especies distribuidas por zonas han sido motivo de trabajos a nivel de taxonomía y diversidad. A nivel nacional los primeros estudios en palinología se presentan a partir de 1952 con Van der Hammer, citado por Soejarto y Fonnegra, (1972) y Bogotá (2002). Fonnegra, (1989), reconoce la fenología y taxonomía de plantas melíferas, que dieron un nuevo giró entorno a las investigaciones aplicadas, acrecentando el nivel de conocimientos sobre el tema, Nieto y Duque (1998).

Bajo esta línea apícola productiva, se encuentran los aportes de Moreno y Devia, (1982), en la que realiza registro florístico apícola predominante en el municipio de Arbelaez, (Cundinamarca), a partir de frecuencias polínicas que establecen el origen botánico de la miel y el polen almacenado por *Apis mellifera*, *Melipona eburnea* y *Trigona* sp. (*Tetragonisca angustula)*, construyeron claves sistémicas para los diferentes tipos polínicos. Se realizó un registro nacional colombiano efectuado en diferentes consociaciones geográficas andinas en cuyo caso se reportó cerca de 300 especies botánicas, Echeverri, (1984). Ortiz, *et al*, (1987), realizaron reconocimiento y procedencia botánica de algunas plantas melíferas en la sabana de Bogotá que redundó en un catálogo de más de 53 especies vegetales con su descripción polínica y la localización de la formación vegetal.

A nivel nacional se distinguen cerca de 44.000 especies de plantas fanerógamas y un régimen pluviométrico constante, suficiente para el mantenimiento de la flora hasta condiciones satisfactorias durante la mayor parte del año en las diferentes zonas de vida, ofreciendo flujos apreciables de néctar y polen necesario para el mantenimiento de la colmena y la explotación racional del sistema apícola, además las especies de abejas particularmente las nativas sin aguijón de la subfamilia Meliponeae están bien representadas principalmente en las zonas de bosque húmedo y seco tropical en los departamentos del Tolima, Caquetá y Magdalena.

La flora apícola de mayor interés en la zona interandina involucra una serie de plantas propias a las que se les puede clasificar dentro del contexto de zonas de vida y pisos térmicos, Holdridge, (1989); Salamanca, (2001); Guzmán, (2007).

Principalmente, para los municipios de la zona cafetera del sureste antioqueño como es el caso de los trabajos de Girón, (1996), describe las plantas que suministran polen y néctar vinculadas a sistemas de producción apícola además efectuó el análisis de los tipos polínicos más frecuentes en distintas temporadas florales; para esta misma área geográfica, Sánchez, (1995), reportó algunos parámetros para cuantificar el valor de las especies de interés apícola, elaboró un listado para las especies más representativos y un calendario floral, éstas descripciones aportan conocimiento de la flora de la región extrapolable a otros puntos geográficos del modelo de zonas de vida de Holdridge.

Velásquez, (1995), elaboró un atlas palinológico de la flora vascular paramuna de Colombia y describió las propiedades morfológicas de los granos de polen, acompañado de una clave para algunas familias y especies. Nieto y Duque, (1998) describen el polen desde el punto de vista de su morfología y estructura presenta distintos tipos de arquitectura puede ser de simetría radial o bilateral, distinguiéndose granos isopolares, heteropolares y apolares, en cuyo caso realizaron un estudio mellitopalinológico de las mieles producidas por *Apis Mellifera* en el Municipio del Líbano, Tolima. Vargas, (1999), estudió el grado de africanización de la abeja *Apis mellífera* y algunas ofertas florales de las principales zonas de actividad apícola en Boyacá. Salamanca, (2001), relacionó la flora en el sistema apícola de Boyacá y Tolima describiendo las características de las especies en esos departamentos.

Osorio, (2002), relacionó la flora de las principales zonas biogeográficas del Tolima y elaboró perfiles de ecofenogramas característicos de la fenofase (Flor abierta) de las zonas bosque seco tropical (*bs-T*) a bosque muy húmedo premontano (*bmh-MB*), en cada caso indicó las principales especies y familias. Las equivalencias climáticas por zona biogeográficas hacen parte de éste trabajo. Salamanca y Serra, (2004), relacionó las características polínicas de las mieles de algunas zonas biogeográficas del Tolima, para 12 municipios y sobre un total de 17 muestras de cuatro consociaciones biogeográficas: bosque seco y húmedo tropical (*bs-T y bh-T*) y bosque húmedo y muy húmedo premontano   (*bh-PM y bmh-PM*). El trabajo identificó 12 familias y 48 especies, destacando la importancia de *Coffee arabica* L. (Rubiaceae) y especies de las familias Asteraceae, Mimosaceae, Anacardiaceae, Myrtaceae y Bignoniaceae principalmente.

Nates, (2005), estableció algunas relaciones planta-insecto para especies de las tribus Meliponini, Bombini y Euglossini en Colombia mas adelante (Nates, 2006) citado por (Iniciativa Colombina de Polinizadores, ICPA) (2010), propone el uso de abejas silvestres como herramienta para definir áreas prioritarias de conservación en el territorio CAR (Cundinamarca y Boyacá). El impulso del crecimiento económico sostenible a partir del desarrollo de estrategias de gestión ambiental y manejo de los sistemas productivos apícolas contempla la guía realizada por Silva D. Arcos A., Gómez J. (2006), relaciona las principales especies y familias de interés apícola para un total de 442 especies y 81 familias indicando las zonas de vida. La flora melífera asociada a la actividad apícola en el macizo Colombiano, en la región del Huila establece un registro de elementos florísticos en los que se destaca la familia Asteraceae, Lamiaceae y Fabaceae y se estimó la densidad poblacional con la que desarrolló un cátalogo digital, Silva G. (2006); Obregón, *et al*, (2006), establecen los calendarios florales, flora predominante en tres localidades y la frecuencia de visita de abejas estableciendo un cuadro comparativo.

Yate, (2007), describió la estructura apícola de la zona de Chaparral (Tolima), para las localidades de Amoyá, Calarma, El Limón, San José de las Hermosas y La Marina, identificando 46 especies de 24 familias. Salamanca, *et al*, (2007), reportaron algunos aspectos relativos al polen y su valor estructural de la flora apícola en entornos colombianos. Guzmán, (2007), reportó el trabajo: "Aspectos generales relativos a la flora apícola colombiana" relacionando las principales especies apícolas de varias regiones colombianas, su oferta floral y la relación planta-insecto. Vivas N., Maca J., Pardo M. (2008), identificó las características cualitativas del polen apícola en veredas del municipio de Popayán (Colombia), determinando las tonalidades de colores, plantas poliníferas de origen silvestres y las de importancia agrícola elaborando calendarios florales para las zonas de vida Subandina.

Franky, (2008), sustenta que la producción de polen es una gran alternativa en alta montaña en Colombia y demuestra en cifras que en colmenas de más de 2500 msnm en la zona tropical, se generan mas ingreso que en las cálidas, considera de los perfiles climáticos y la temperatura. Salamanca *et al*, (2008), relaciona las condiciones biogeográficas colombianas y su estado apícola productivo en cuanto al rendimiento anual de cosechas de mieles y de polen en diferentes zonas biogeográficas, indicando que aún no se ha aprovechado económicamente el potencial que existe en los distintos entornos bajo el manejo sostenible de los recursos naturales. La apicultura es un elemento importante para el ambiente ya que contribuye a la producción primaria y la polinización de plantas silvestres y cultivadas generando continuidad en la biodiversidad de los bosques y producción de frutos y semillas, en este contexto se menciona el aporte, Silva M. y Ayala A. (2009), en la que describe la composición de la oferta floral apícola y frecuencia de visita de *Apis mellífera* en biotopos silvestres y de cultivo destacando la riqueza de especies y los patrones de floración y microambientes.

Hernández *et al*, (2010), presenta la valoración cromática y determinación botánica de polen corbicular en zona altoandina de Boyacá, registrando las diversas tonalidades de color y analizando cuantitativamente las cargas para las familias Asteraceae, Brassicaceae, Ericaceae, Myrtaceae, entre otras. Actualmente se propone la consolidación de normativas internaciones de productos apícolas, ante ello la determinación florística se enmarca en darle valor agregado al polen apícola y le proporciona denominación de origen para definir un criterio de calidad sobre las propiedades sensoriales y fisicoquímicas, considerando además los procesos de producción en la Sabana de Bogotá según aporte de (Saléh D., Figueroa J., Tello J., 2011)

García (2011), describe la experiencia desde el año 2004 de una organización de apicultores de la Sierra Nevada de Santa Marta en la que dirige su atención al desarrollo de la apicultura como actividad asociada a la conservación ambiental, estimulando la participación de instituciones y la comunidad rural para el comercio de los productos de la colmena al tiempo que se definen áreas de protección y se inicia la denominación de origen botánico para lograr el sello de calidad.

2.2 GENERALIDADES

2.2.1 Colombia. Es el cuarto país en extensión en América del Sur con 1´141.748 Km^2, la posición geográfica se enmarca entre los 12°26´46´´LN, 4°12´30´´LS y 60°50´54´´LO, la intensidad lumínica es afectada de la misma manera en toda su geografía; se distingue un comportamiento bimodal de invierno lluvioso y verano seco, (Barbosa, 1992; Osorio, 2002). La flora colombiana es una de las mas complejas del neotrópico y conforme a los pisos altitudinales se suele usar el criterio de cotas convencionales, que marcan diferencias importantes entre la unidad andina mayor de 1000 msnm y la basal de 0 a 1000 msnm que comprende ecosistemas boscosos, esto indica que el país cuenta por lo menos 10 clase de coberturas principales atendiendo a su extensión superficial, de las cuales en orden de magnitud se mencionan las selvas y bosques, agroecosistemas, sabanas, pantanos, xerofitia, áreas de páramo, cobertura rupícola, manglares, cobertura hídrica, asentamientos humanos entre tanto las relaciones de flora indicadora para las explotaciones apícolas aun es incipiente (Instituto Geográfico Agustín Codazzi IGAC, 1977; Galeano y Bernal, (1993).

Entre las unidades boscosas se encuentra el bosque basal Amazónico, Pacífico, Orinoquía y del Caribe (Instituto de Hidrología, Meteorología y Estudios Ambientales IDEAM, 1998) y para su estudio se cuenta con información secundaria, colecciones científicas (Herbarios) y catálogos de descripciones y principales coberturas vegetales, sin embargo estas referencias se ha centrado en la región Andina, situación distinta para el Caribe y pacifico que se tiene poco conocimiento y la Amazonia y Orinoquia es escaso, por lo tanto resulta imperante estudiar este componente megadiverso a nivel de ecología, distribución, morfología entre otros y aproximarnos a conocer y valorar la riqueza florística del país, (Barbosa, *et al*, 2007).

2.2.2 La Flora. Una flor completa contiene, los sépalos, pétalos, estambres y carpelos, aunque todos ellos se encuentran muy juntos, están dispuestos progresivamente más hacia el centro o más hacia arriba en el receptáculo. Todas las otras partes están debajo del ovario, el cual es central y terminal. Una flor de este tipo es hipogina y su ovario es súpero. Cuando los sépalos, pétalos y estambres permanecen adheridos al margen de un hipantio en forma de plato o copa que rodea al ovario pero no esta adherido al mismo son flores periginas y el ovario también es súpero. Si los sépalos, pétalos y estambres están adheridos en o cerca del ápice del ovario se dice que estas flores son epíginas y el ovario es ínfero, Arbo, (s.f.).

Una flor que tenga estambres y carpelos es perfecta, las flores imperfectas son estaminadas si tienen estambres, pero no pistilo, y pistiladas si tiene pistilo pero carecen de estambres. Según las especies, los estambres y pistilos pueden estar en flores separadas (unisexuales), en la misma (hermafroditas) o en diferente planta. Una planta que tenga flores masculinas y femeninas separadas pero en el mismo pie, será monoica y dioica si están en pies distintos, siendo del mismo sexo todas las flores de cada pie de planta, (Huaranca, 2010).

2.2.3 Bosques de cliserie. Se entiende por este último a la vegetación de cordillera o zonas montañosas varia en forma escalonada y diversa en función de la altitud definiéndose distintos estratos florísticos; estos sistemas comprende 2 tipos, una de ellas la altitudinal correspondiente a las variaciones de temperatura y dominancia climática de montaña, la segunda es la latitudinal que comprende a los factores de luminosidad que varia hacia las zonas templadas. Las cliseries altitudinales comprenden cuatro tipos, una de ellas basal, montano, subalpino y alpino (Flores, 2000) y se distribuyen conforme a criterio de cotas altitudinales, con diferentes densidades florísticas según sea su entorno biogeográfico.

La característica dominante es que la flora asociada a estos ecosistemas se va sucediendo desde la más sensible a frio a las de mayor tolerancia térmica, con más necesidades de agua y en suelo pobres. La dominancia de la flora puede ser utilizada como indicador de la caracterización de una ecoregión, (Silva G., 2006; IDEAM, 1998). En el norte de los Andes, la formulación que mejor se ajusta para diferenciar las franjas altitudinales, es la propuesta de Cuatrecasas, (1958) Citado por Corporación Suna Hisca, (s.f.), que se ha consolidado con varias contribuciones, (Cleef, 1981) y (Van der Hammen, 1998), citados por Rangel (2000). La Figura 1, presenta un ejemplo de diagrama de cliserie sobre perfil topográfico y la variación de vegetación.

Figura 1. Bosque de Cliserie sobre perfil topográfico de zona altoandina.

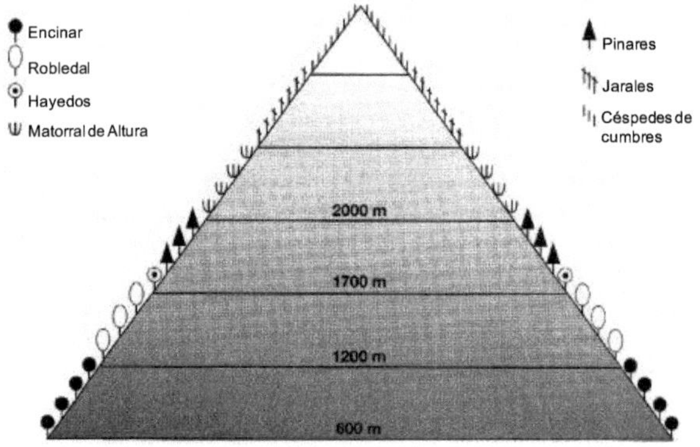

Fuente: López, (2011).

2.2.4 Flora apícola. La flora apícola es el conjunto de especies vegetales, silvestres o cultivadas, asociada a diferentes entornos, que son capaces de atraer a las abejas, las cuales obtienen su alimento néctar, polen y otros recursos útiles para la colmena. El conocimiento de la flora de importancia apícola es fundamental para la conducción racional del apiario ya que constituye el recurso con que cuentan las abejas para alimentarse y producir. La flora es la que define la alternativa productiva (miel, cera, polen, jalea real, propóleos, núcleos, reinas) y pone límite a la producción y las características del producto, permitiendo establecer pautas de manejo de las colmenas tal como la alimentación suplementaria entre otras, Echeverry (1984), Salamanca, *et al*, (2008).

En términos apícolas, una especie muy importante en una determinada región no tiene por que serlo en otra, ya que el recurso que aporta varía ampliamente con las condiciones de clima y suelo, además pueden existir otras especies que aporten mayor o mejor recurso, que no estén presentes en el lugar, por lo que se hace necesario reconocer las especies más importantes, haciéndose necesaria la elaboración de calendarios de floración, lo que permitirá mejorar las técnicas de manejo, operaciones de trashumancia entre otros, Guzmán, (2007). En este contexto el registro de las plantas nectaríferas y poliníferas de cada región particular, la época, duración de su floración y su valor relativo como fuentes de néctar, polen o ambas sustancias a la vez, son indispensables para la planeación de proyectos apícolas productivos, Ortega, (1987).

Al reconocer e identificar el tipo de vegetación predominante, época de floración y la interrelación con los microclimas existentes, se podrán establecer condiciones que permitan mejorar las características organolépticas de los productos de la colmena estableciendo sus índices de calidad tanto en color, sabor como el aroma mismo y en general la composición exacta del producto, al mismo tiempo establecer las relaciones integrales entre estos índices de calidad con el clima, la vegetación y la calidad del producto, para realizar actividades de potencialización de diferentes zonas geográficas, Vivas, *et al*, (2008). Dentro de los ecosistemas más vulnerables o frágiles a los cambios que pueda provocar el hombre u otros agentes naturales, se encuentran los de montaña, en éstos existe una gran diversidad de plantas, algunas registradas en catálogos y estudios realizados por especialistas y otras que tal, vez sean desconocidas por el hombre o poco estudiadas, sin llegar a constatar la verdadera importancia que tienen las mismas para el desarrollo de la humanidad, (Valdés, 1998; Guzmán, 2007).

En la actualidad se trata de combinar el manejo del bosque con las abejas, de tal manera que las abejas obtengan alimento y protección, mientras que los árboles aseguran su polinización y como consecuencia, la producción de semillas viables y sanas para la futura regeneración del bosque. Vale indicar que en los bosques que se alteran por extracción de madera y deforestación, disminuye la cantidad de especies melíferas y en este sentido, se pueden establecer medidas para la conservación de estas especies, (Vit, 2005).

2.2.5 Tipos fisiognómicos de la vegetación. El aspecto de las comunidades vegetales cambia a medida que se incrementa en altitud y por ende, el porte de la vegetación disminuye, (Rangel, 1995) Citado por Pedrasa, *et al,* (2004). En este sentido, en el páramo se encuentran seis tipos principales de vegetación que se presentan juntos o alternados, según las características de cada localidad y la forma de vida dominante, (Rangel, 2000).

• Pajonales: Vegetación herbácea dominada por macollas de gramíneas, especialmente del género *Calamagrostis*. Estos pajonales no están presentes en el subpáramo.

• Frailejonales: Vegetación con un estrato arbustivo emergente conformado por especies del género *Espeletia* sp Aunque se encuentran en toda la franja paramuna, son más frecuentes en el páramo propiamente dicho.

• Matorrales: Vegetación dominada por arbustos. Se destacan los compuestos por diferentes especies de los géneros *Castilleja*, *Diplostephium*, *Hypericum* y *Pentacalia*, entre otros.

• Prados: Vegetación con predominio del estrato rasante y generalmente presente en las turberas o bordes de las lagunas

- Chuscales: Vegetación dominada completamente por *Chasquea tessellata*, planta conocida como chusque o bambú de páramo.

- Bosques achaparrados: Vegetación conformada por elementos leñosos como el coloradito *Polylepis quadrijuga*, el rodamonte (*Escallonia myrtelloides*) y el mortiño (*Hesperomeles obtusifolia*).

2.2.6 La Flor. En algunas Angiospermas se suelen encontrar agrupaciones de flores en diferentes forma, estructura y secuencia a estas se les conoce como inflorescencias en la cual se distinguen dos grupos; las indeterminadas y las determinadas. Algunos tipos de inflorescencias indeterminadas son en racimo, en espiga, corimbo, cabezuela, umbela, umbela compuesta y panícula y las inflorescencias determinadas son aquellas en las cuales la secuencia es, de la flor central o superior al exterior o a la base, como por ejemplo monocasco, dicasio, cima, cima compuesta, cabezuelas y escorpioide, (Curtis, *et al*, 2005).

La representación simétrica floral, la posición, unión y número de partes que conforman cada uno de lo verticilos, pueden ser representadas de manera sistemática con el fin de simplificar y entender la estructura de las partes que integran un tipo de flor en particular. Los verticilos a considerar son el cáliz y cáliz zigomorfo (CA-CAz), corola y corola zigomorfa (CO-COz), estambres (E), pistilos (P), escamas (Es), entre otras,(Huaranca, 2010).

2.2.7 Polen. El grano de polen es el elemento germinal masculino, producido en las anteras de las flores indispensables para la fecundación y consiguiente transformación de la flor en fruto reproductivo y mantener la continuidad genética de las plantas superiores (angiospermas y gimnospermas), Girón, (1994). El polen se origina a partir de una célula madre (microsporocito 2n), ésta se divide por meiosis; durante la primera división se forman un par de células haploides (diadas) en grupos de a cuatro, llamados tétradas, cuando los granos de polen se maduran, se separan en forma de granos individuales en la mayoría de las plantas, Hesse, (2009). En algunos casos los granos se presentan en forma de tétrades como en *Drymis* sp., Castellanos y Vilela, (1998), raras veces en grupos en forma de diadas, en casos especiales se agrupan en una masa llamada polinia, tal como ocurre en las Orquídeas y Asclepidaceae, Carretero, (1989); Salamanca, (2010). En la figura 2, se muestra las principales etapas del desarrollo polínico.

Se sabe que el polen es la fuente primaria de proteínas, lípidos, vitaminas *y* minerales (Socorro & Espinar, 1998), por lo general se presenta como un polvo cuyo color varía en relación con la e de que procede siendo generalmente amarillo a marrón claro, aunque también se puede encontrar de color blanco, rosa, anaranjado, verde, rojizo, violáceo e incluso negro y su sabor (desde dulce al amargo) y aroma es variable según su procedencia, (Salamanca, *et al,* 2010).

En su condición viva, el grano de polen, como cualquier otra célula vegetal, esta formada por dos componentes: el protoplasma (la parte viviente) y la pared celular (la parte inerte), sin embargo esta pared (espodermo), presenta notable diferencia la cual es mas gruesa constituida por dos capas, una interior (la intina) y otro exterior (la exina). La intina esta en contacto directo con la membrana celular, es delgada y su composición química es de celulosa y pectina, la exina es mas gruesa y se compone de esporopolenina, un polímero de ácidos grasos mono o dicarboxílicos con peso molecular alto. Fonnegra (1989); Hesse, *et al* (2009).

Figura 2. Desarrollo del polen. Microsporogenesis y microgametogénesis.

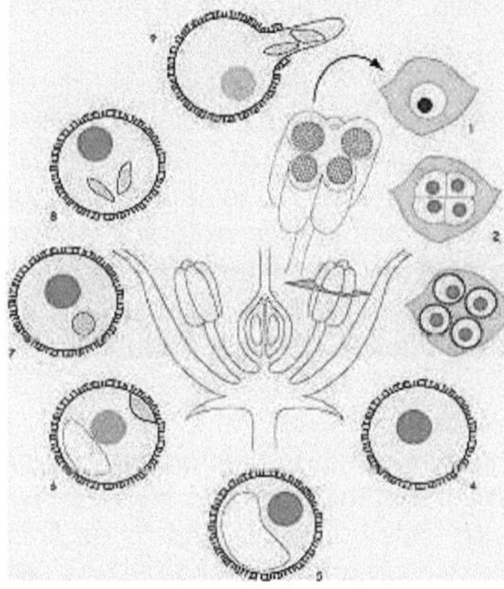

1. Célula madre polínica
2. Microsporas
3. Microsporas en tétrades tetraedrales.
4. Microspora
5. Formación de vacuola central.
6. Primera mitosis. Sin citocinesis.
Formación de una célula vegetativa
y generativa (unida contra la pared)
7. Desprendimiento de la célula generativa
8. Segunda mitosis. División de la célula
generativa en dos células espemáticas.
9. Formación del tubo polínico en el
estigma de otra estructura vegetal.

Fuente: Hesse, *et al*, (2009)

El protoplasma del polen permanece vivo por lo general solamente varios días después de que escapa de la antera en el momento de la antesis y en ciertos casos permanece vivo por varias horas; a su vez, la exina queda intacta y es muy resistente, tanto a las temperaturas altas (hasta 250ºC, en condición anaeróbica) como a las sustancias corrosivas, tales como el ácido sulfúrico, ácido acético entre otros. En la naturaleza se encuentra una gran diversidad en formas, estructuras y tamaños del polen, se ha interpretado que esta cualidad ha sido el resultado de una adaptación para asegurar que el polen pueda llevar hasta el estigma de la flor de la misma especie por factores físicos (gravedad, viento y agua) y biológicos (polinizadores), Soejarto y Fonnegra (1972).

Existe gran diversidad de tamaños de polen del cual puede variar según su grado de madurez; por lo general existe correlación entre el tamaño del polen con los agentes polinizadores; se puede citar la familia Poaceaea (los pastos) y las Asteraceae que tienen polen de tamaños que varían desde 15-60 µm, en realidad son generalmente anemófilas (polinizadas por viento) mientras que las especies con polen más grande de 60 µm (p.e. *Hibiscus* sp., *Aphelandra* sp., *Thunbergia* sp.) son entomófilas (polinizadas por insectos), Fonnegra (1989).

El polen corbicular es un acúmulo de granos de polen colectado por *Apis mellifera* L. para llevárselo al aparato bucal en donde es humedecido con saliva y mielformando unas pelotillas para transportarlo a la colmena en las corbículas de sus patas posteriores (Sáenz y Gómez, 2000) Citado por Sayas y Huaman, (2009), en este proceso se provee los elementos nutritivos para la producción de secreciones glandulares, una vez llegada al panal, deposita la carga en una celda valiéndose de una cerda para vaciar el cestillo, posteriormente lo mezclan con la miel para alimentar a sus crías, Mateu, *et al,* (1996), Vit (2005).

En el beneficio las abejas traen en sus patas este producto, el cual el apicultor lo recoge mediante trampillas para desecarlo y luego comercializarlo. La mejor zona de producción es aquella que no depende de una floración única, sino que se suceden ofertas de néctar y polen capaces de suministrar recursos abundantes que contribuya en el crecimiento de la de la colonia y permitan sostener los niveles óptimos de producción, entre ello es importante considerar la abundancia como también la pertinencia de los períodos de floración, Sayas y Huaman (2009); Salamanca, (2010).

2.2.8 Palinología. El estudio del polen recibe el nombre de palinología (palynein en griego que significa dispersar). Este término establecido por Hyde y Williams (1945), en un sentido muy amplio se incluyen los estudios de granos de polen, las esporas y los cuerpos cistiformes de las algas o de origen desconocidos, tanto de la época presente como en las geológicas del pasado, (Louveaux, 1978).

El polen colectado presenta amplia diversidad morfológica, su orientación esta organizada por dos hemisferios y dos polos, el proximal, el distal y al considerarse la descripción general de la forma se haya esférico, subesférico, elipsoidal, triangular, tribolado, reniforme, irregular o con aurículas; para facilitar la descripción se considera la polaridad, la simetría y la relación existente entre la dimensión del eje polar y la dimensión del eje ecuatorial del grano llamado índice P/E (Fonnegra, 1989; Riera, 2003; Hesse, *et al,* 2009). Algunos diagramas en cuanto su orientación polar/ecuatorial y formas polínicas se consideran en la figura 3.

Figura 3. Representaciones de la vista polar, ecuatorial y otras formas polínicas.

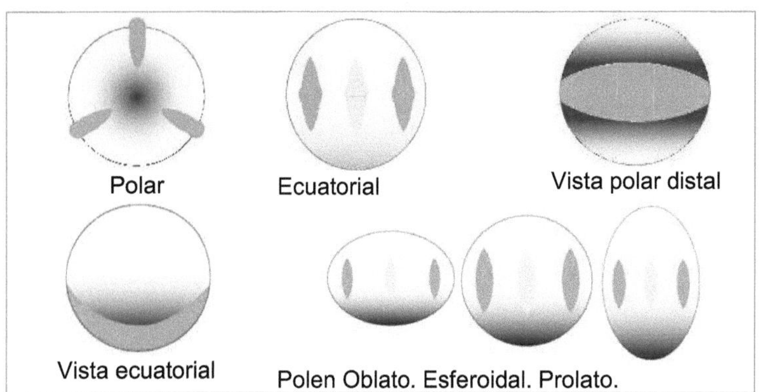

Fuente: Hesse, *et al*, 2009.

El estudio y análisis microscópico de su simetría, aperturas en las paredes, contorno, forma y tamaño, tiene un valor taxonómico y permite distinguir grupos botánicos a distintos niveles (familia, géneros, especies); la simetría es una de las características mas sobresalientes de un grano de polen, un polen con simetría radial (posee un plano horizontal ecuatorial) y dos mas planos verticales (polares) de simetría, cada uno de los cuales divide el grano en dos mitades iguales; un polen heteropolar con simetría radial posee solamente dos o mas planos verticales, sin plano de simetría horizontal; un polen isopolar con simetría bilateral posee tres planos de simetría, uno horizontal y dos verticales (estos dos planos verticales son perpendiculares uno al otro); un polen heteropolar con simetría bilateral posee uno o dos planos de simetría vertical, uno perpendicular al otro y raramente un polen es asimétrico, Hesse, *et al* (2009); Velásquez y Rangel, (1995).

En conjunto a esta variedad morfológica se reúne la ley de Garside que se refiere a la inusual disposición de las aberturas en las que forman grupos de tres a cuatro puntos en la tétradas (probablemente restringido a Proteaceae, no permanente en tétradas) y la ley de Fischer se refiere a la disposición más frecuentes donde las aberturas forman parejas en seis puntos de las tétradas (por ejemplo, Ericaceae y permanente en tétradas), Hesse, *et al*, (2009). Algunos diagramas se puede observar en la Figura 4.

Figura 4. Polaridad y simetría de tipos polínicos.

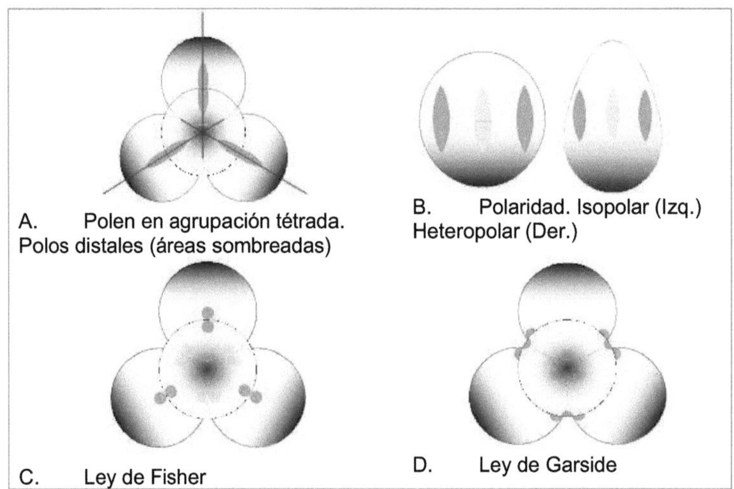

Fuente: Hesse, *et al*, 2009.

En los granos de polen el esporodermo no es uniforme, en ciertas partes de éste se encuentran puntos delgados o perforados llamados aperturas o poros; esta apertura esta relacionada con la germinación del grano de polen durante el ciclo biológico de la planta, ya que por ahí sale el tubo polínico que conduce los espermatozoides al ovulo para efectuar la fecundación, (Erdmant, 1969). Se conocen diversos tipos de arquitectura polínica considerándose únicamente los caracteres geométricos externos de la exina (espinas, báculos, etc.), la superficie del téctum (puede ser continuo o no) y las estructuras supratectales que puede ser estriada, espinada y rugosa entre otras son las que determina la ornamentación, Salamanca *et al*, (2007).

En gran parte de los pólenes en el momento de la antesis esta presente el polenkitt (pk) que es una sustancia pegajosa secretada por las células del tapete compuesta por lípidos, carotenos, polisacáridos y glucoproteínas, su función es de protección frente agentes ambientales y biológicos además presenta marcada diferencia en cantidad y consistencia en las plantas anemófilas y entomófilas. En la Figura 5, se muestra la estratificación de la pared polínica.

Figura 5. Estratificación de la pared polínica.

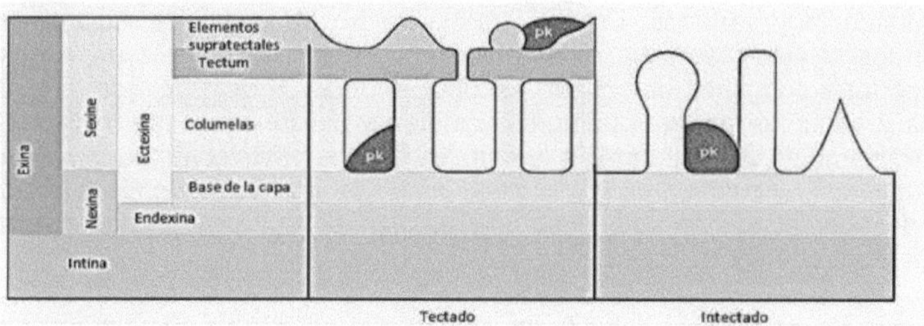

Fuente: Hesse, *et al*, (2009). Pk: Revestimiento del polen.

Tres aspectos de la apertura se pueden analizar para describir el polen estos son: el número, la posición y el carácter; una apertura puede ser simple o compuesta. Teniendo en cuenta carácter y apertura, se distingue un colpo (apertura alargada) y un poro (apertura en forma circular). Aunque pudiera considerarse a los granos de polen como pequeñas esferas, la realidad es que pronto se deforman debido a la discontinuidad física de la pared que los recubre (sistema apertural) y a la acción del medio (natural o artificial) que los rodea, Socorro y Espinar, (1998).

El grano de polen debe ser tratado como un objeto tridimensional para su estudio y según esto, sus principales características son, en primer lugar, su forma, la cual depende de la relación entre sus ejes polar (P) y ecuatorial (E), perpendiculares entre sí; esta relación puede ser de tres formas, vistas desde su polo ecuatorial. Los estudios de polen se realizan siguiendo metodologías de acetólisis, (Erdtman, 1969; Louveaux, 1978; Fonnegra, 1989; Carretero, 1989; Ferguson, *et al*, 2007).

2.2.9 Generalidades sobre apicultura. Las abejas son la principal unidad de explotación agrícola primaria en los países desarrollados y en vía de desarrollo, agrupa a los individuos pertenecientes a la especie *Apis mellífera* éste nombre le fue dado por Linnaeus en la décima edición de su Systema Naturae en 1758 e indica que es "portadora de miel"; Posteriormente, en su fauna Suecica de 1791 le cambió el nombre por el de *Apis mellifica* "fabrica miel"; en éste sentido, el último sería más correcto que el primero, pero según el código internacional de nomenclatura zoológica, el válido es el primero, aun cuando ciertos investigadores utilicen preferentemente el de *Apis mellifica,* (Mateu, *et al*,1996).

Desde el punto de vista taxonómico, estos insectos pertenecen al orden Hymenoptera, suborden Apócrita y a la superfamilia Apoidea, que agrupa aquellos insectos conocidos como abejas. Los Apoidea se dividen en 11 familias: Colletidae, Stenotridae, Andrenidae, Oxaeidae; Halictidae, Melittidae, Ctenoplectridae, Fideliidae, Megachilidae, Anthophoridae y Apidae. Entre todas las especies de abejas conocidas (aproximadamente 20.000), sólo el 5% puede considerarse dentro del grupo de las sociales y aún así presentan patrones de comportamiento muy variados, Crane, (1990). Dentro de la familia Apidae, se encuentran los niveles más altos de organización social. La abeja es un insecto con metamorfosis completa, con cuatro estadios en todo su ciclo de vida; huevo, larva, pupa y adulto, en los tres primeros estadios evolucionan en las celdas del panal, colectivamente corresponden a la cría, los huevos y las larvas permanecen en celdas abiertas, al cuidado de las adultas, condición que corresponde a la cría abierta o desoperculada; de este desarrollo pueden encontrarse en una misma familia individuos diferentes, Silva, *et al*, (2006).

2.2.10 Producción apícola. Las abejas no solo son buenas para el mejoramiento de la agricultura, sino que esta industria puede significar el principio para una mejor alimentación de los grupos económicos más bajos. Se conocen diversos tipos de miel, que se diferencian por una serie de cualidades que dependen principalmente de su origen floral, geográfico o tecnológico, entre estos tipos se conoce la miel monofloral, extraída solamente del néctar de una sola especie de planta melífera, las de mil flores extraída del néctar de plantas melíferas diferentes y las mieles de mielada recogidas a partir de plantas con nectáreos extraflorales y exudaciones de las plantas. (Crane, 1990).

Entre los productos de la colmena también se puede obtener la jalea real que es producto de la secreción de las glándulas hipofaríngeas y las mandibulares de las abejas nodrizas para alimentar a la abeja reina; el polen elemento reproductor de las plantas, colectado por las abejas que lo apelmazan con sus secreciones mandibulares y néctar para elaborar el pan de las abejas y la cera sustancia segregada por las abejas utilizadas principalmente para la construcción de la colmena. En producción apícola se suele controlar el origen de la reina, la calidad de su postura y la resistencia a patologías, Salamanca, (2010).

2.2.11. Polinización. Esta operación se puede entender como el transporte del polen desde los estambres hasta los estigmas de una flor de la misma especie. El polen puede ser transferido de la antera al estigma por efecto de la gravedad, o por acción del viento (polinización anémofila) o de los insectos en este caso la abeja es una de las principales encargadas en la reproducción de las plantas con flor en un 88% debido a su organización social (colonias), visitan una gran cantidad de flores diariamente contribuyendo a una distribución de gran cantidad de polen a flores de otros individuos de la misma especie a este hecho se le denomina polinización cruzada o alopolinización y se presenta autopolinizacion cuando el polen llega al estigma de una flor en la misma planta. En el entorno botánico muchas flores tienen marcas y olores especiales para guiar a los insectos al néctar; de camino, las abejas realizan la polinización de flor en flor y esto permite a las plantas aprovechar al máximo su potencial de producción de frutos y semillas, (Ortega, 1987; ICPA, 2010).

El establecimiento de un apiario con fines comerciales hace indispensable el reconocer las condiciones de las zonas de interés la naturaleza de las plantas productoras de néctar conforme a unos criterios de calendario floral preestablecidos, la incidencia de esas plantas como productoras de polen néctar o ambas, así como también las condiciones climáticas, la frecuencia, dirección y velocidad de los vientos y régimen de pluviosidad cuando fuere conveniente, Osorio, (2002); Silva *et al,* (2006); Santamaría, (2009). Las abejas prefieren reunir el néctar de las flores de plantas que crecen en el suelo fertilizado de modo natural y orgánico en lugar de hacerlo en flores que crecen sobre suelos fertilizados químicamente. Como cabe suponer, el tipo de flores de las que se recoge el néctar tiene una gran influencia sobre el sabor y color de la miel, (Ortega, 1987)

El estudio de la flora y su relaciones con la actividad apícola han permitido establecer distintos tipos de origen geográfico, uno de ellos reconocido por su condición de zona templada del norte en el cual se considera a Europa, Asia meridional América del Norte y Norte de África, donde a su vez se puede realizar una subdivisión mas al norte donde predominan las familias Fabaceae (*Trifolium, Medicago, Melilotus, Onobrichis, Lotus*), Rosaceae (*Prunus* sp., *Pyrus* sp., *Rubus* sp.), Brassicaceae y Myrtaceae (*Eucalyptus* sp.), Raigon, *et al,* (1995); Salamanca, *et al,* (2007).

3. MATERIALES Y MÉTODOS

En la realización del presente trabajo se abordaron actividades de campo, laboratorio y sistematización de la información. El trabajo de campo se realizó en las localidades y zonas apícolas de interés en los municipios de Belén y Cerinza en el departamento de Boyacá.

3.1   TRABAJO DE CAMPO

Se realizaron excursiones, visitas técnicas en los centros apícolas y consulta en base de datos de ordenamiento territorial y otras publicaciones especializadas sobre las condiciones climáticas y de entorno los municipios de Belén y Cerinza. Se organizó información obtenida sobre la preferencias florales de la abeja *Apis mellífera* y épocas de floración a través de referencias participativas con los apicultores (anexo E). Posteriormente se colectaron muestras botánicas apícolas tomándose nota de caracteres que desaparecerían una vez secada la muestra y de caracteres observables solo en el campo como el hábito, tamaño y características del hábitat donde fue colectada cada especie y junto a ello los respectivos registros fotográficos de la flora, polen y en lo posible especies de abejas con su preferencia floral. El registro se realizó, usando una cámara digital de siete megapixeles. Adicionalmente en el formato de campo se registró la flora polinífera dominante, altitud, temperatura, posicionamiento global. El esquema metodológico de trabajo de campo se resume en la figura 6.

Figura 6. Esquema metodológico del trabajo de campo.

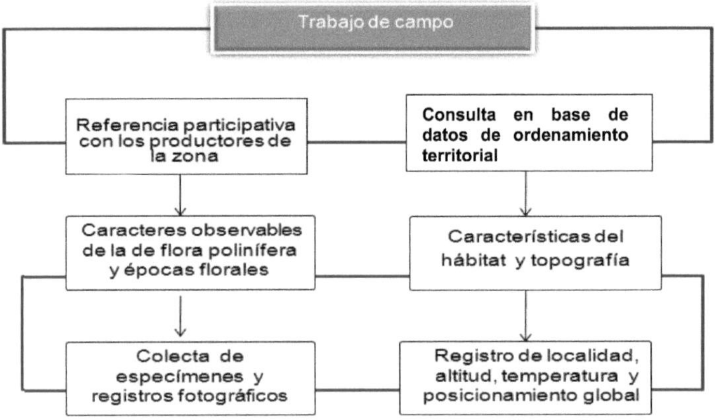

3.2   CARACTERIZACIÓN DE LA FLORA

3.2.1 Fase inicial. Se levantó la información en campo, mediante una revisión preliminar de la cobertura con estimación cualitativa de la abundancia–cobertura tomándose los debidos datos de localización, diferentes categorías fisiognómicas y topográficas (anexo E).

3.2.2 Fase de campo. En cada una de las zonas de las zonas de estudio, se realizaron recorridos por el entorno de bosque de cliserie, donde se ubicaban explotaciones apícolas, considerando un radio de 1 Km, desde el lugar de emplazamiento de los colmenares; se colectaron especies botánicas utilizando tijeras podadoras y/o cortaramas de vegetación; las muestras se tomaron y se prensaron en periódico y láminas de cartón con su debido rótulo guardándose en bolsas plásticas; previamente se preservaron en alcohol de 70°, para ser transportadas al laboratorio, cubriéndose la mayor variación posible desde el punto de vista topográfico y espacial. Se incluyó la información taxonómica, localidad, número de colección y fecha.

3.2.3 Fase de laboratorio. Las muestras colectadas, se llevaron al Herbario Toli y Col de la Universidad del Tolima y Universidad Nacional. Una vez secadas se procedió con la determinación de las especies por medio de comparaciones con las respectivas colecciones utilizándose cuando fue necesario estereoscopio y bibliografía especializada y por ultimo se realizó el montaje con su respectiva rotulada.

3.3   ESTUDIO PALINOLÓGICO

El estudio palinológico permitió la elaboración de una palinoteca de referencia de la flora apícola predominante de los entornos estudiados, con la debida rotulación y determinación del especímenes, para ello se colectaron plantas florecidas y sus anteras que son pecoreadas por *Apis mellífera,* además de las especies de interés apícola bajo la consulta participativa con los apicultores. Se procedió con la técnica de acetólisis, se trituraron las anteras, se retiró parte de residuos vegetales y se sometió a una digestión con ácido acético y sulfúrico relación 1:9 respectivamente, 3 ml de esta solución se colocaron en tubos de vidrio térmico para calentarse a 70°C dejándose a de 25 ml con las muestras. Seguidamente se centrifugó a 3000 rpm, durante 10 minutos, este proceso realizado dos veces en la que se descartó el sobrenadante y se agregó etanol diluido en agua destilada en proporción 1:10 para su lavado, el pellet obtenido se mezcló con glicerina diluida en agua al 50% por 24 horas para la diafanización (transparentización) de los granos de polen (Erdmant, 1969) y finalmente se realizó los montajes en placas a base de glicerogelatina (Wodehouse, 1935).

Una vez montadas las placas polínicas se procedió a realizar el respectivo registro fotográfico con cámara Dinolite Eye acoplada a microscopio óptico (100X) para el levantamiento atlas polínico realizado y con bibliografía especializada para su determinación botánica, teniéndose en cuenta morfológicamente: forma, tamaño, presencia y características de aperturas, tipo de escultura y estructuras especiales de la exina siguiendo los criterios de Carretero, (1989); Fonnegra, (1989) y Girón, (1996). En la Figura 7, se resume el esquema metodológico empleado para la evaluación de oferta floral.

Figura 7. Fases de evaluación de la oferta floral en la zona de estudio

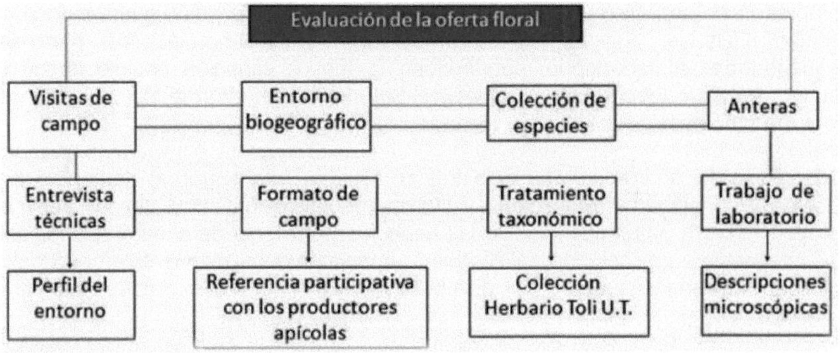

Evaluación de la oferta floral

Visitas de campo	Entorno biogeográfico	Colección de especies	Anteras
Entrevista técnicas	Formato de campo	Tratamiento taxonómico	Trabajo de laboratorio
Perfil del entorno	Referencia participativa con los productores apícolas	Colección Herbario Toli U.T.	Descripciones microscópicas

Fuente. Autor.

3.4 REGISTRO TAXONOMICO

Una vez consolidada la información de campo, se procedió a su sistematización como condición contributiva a la preparación del documento técnico. Se tuvo en cuenta los aspectos taxonómicos y las características polínicas de los especímenes que se describen a través del documento.

3.5 DIGITALIZACION DE LA INFORMACIÓN

Conocidas las especies generadas del trabajo de campo y caracterizada las zonas biogeográficas se procedió a la sistematización de la información y resultados utilizando base de datos en Excel™.

4. RESULTADOS Y DISCUSION

4.1   El ENTORNO BIOGEOGRAFICO DE BOYACÁ.

El departamento de Boyacá está localizado ligeramente al Nororiente de Colombia sobre la Cordillera Oriental. La presencia de ésta en el territorio, determina una diversidad florística y ambiental. La cobertura vegetal se extiende desde los 200 y hasta los 5000 msnm desde el Valle del Magdalena y hasta la Sierra Nevada del Cocuy. En algunas regiones se tienen bajos niveles de lluvias anuales del orden de los 500 mm (Villa de Leiva); 500-1200 mm (Centro), con incrementos graduales 1500-2000 mm (zona alta). Las mayores precipitaciones corresponden al pie de monte en la cordillera oriental en las postrimerías de Casanare y la zona de influencia del valle de río Magdalena en Puerto Boyacá, (Instituto Geográfico Agustín Codazzi. I.G.A.C citado en Vargas, 1999).

El área de influencia biogeografica involucra diversas zonas de vida, Holdridge, (1976), entre ellas el páramo subalpino (*p-SA*: temperatura entre 3 a 6°C; altura de 3800 a 4500 msnm, precipitaciones entre >1000 mm/año); bosque húmedo montano(*bh-M*: 6 a 12°C; 2800 a 4000 msnm y 500 y 1000 mm/año); bosque muy húmedo montano (*bmh-M*: 6 a12°C, 2800 a 4000 msnm y 1000 a 2000 mm/año); además se distinguen consoclaciones de bosque húmedo montano bajo (*bh-MB*) y seco montano bajo entre otros, Salamanca, (2010). En estas secciones de media y alta montaña, se realizan explotaciones apícolas comerciales, en virtud a la disponibilidad de flora endémica propia de los bosques de cliserie en zona andina, principalmente en las consociaciones de bosque seco montano bajo (*bs-MB*) y bosque húmedo premontano (*bh-PM*). El relieve en la zona es pronunciado en la mayoría de las áreas, montañoso y accidentado, con ríos y quebradas que corren por cañones escarpados y profundos sin formar valles aluviales, con vestigios de bosque natural, en proceso de desaparición, por el incremento de la ganadería; los suelos están sometidos a un excesivo lavado cuando se establecen cultivos limpios. El sistema de precipitaciones y condiciones predominantes para el área geográfica de Boyacá se presenta la Figura 8.

Los suelos de Boyacá corresponden a formaciones del cretáceo, como resultado de la oscilación miosinclinal de la región Andina Oriental, la formación Villeta del cretáceo medio se nota más acentuadamente en el valle de Sugamuxí y la vertiente del Chicamocha. En la zona plana del valle, aparece una formación lacustre en forma plano cóncava donde la escorrentía es lenta, con mal drenaje. Los suelos en algunas zonas están asociados a estratos consistentes en pizarras obscuras y gris azuloso y de bancos delgados a gruesos de areniscas claras de grano fino. Las interacciones de areniscas son de poco espesor, 6-15 cm. La presencia de areniscas cuarcíticas suelen ser hasta de 100 m de espesor, formadas por secciones separadas por capas arcillosas. Igualmente persisten los bancos de caliza de granos grises finos con o sin fósiles. El sistema montañoso es alargado con profundas formaciones sedimentarias integrado por areniscas y arcillas del mesozoico. En el piedemonte llanero el terreno es quebrado y escarpado con materiales aluviotorrenciales depositados en amplios conos de deyección con origen en el cuaternario. El paisaje geomorfológico de las zonas de influencia de la meseta interandina es variado. Parte del terreno está ubicado en el lomo de la cordillera oriental, los reductos erosionados son frecuentes, (IGAC, citado en Departamento Administrativo de Planeación, 2007)

Figura 8. Distribución espacial del régimen de lluvias en la unidad andina de Boyacá.

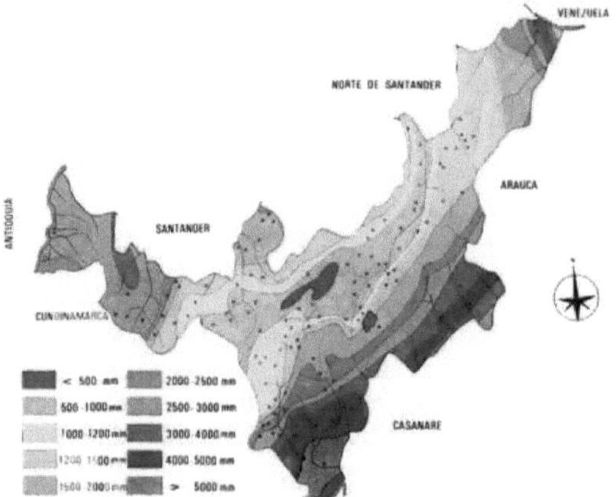

Fuente: (IGAC, 1977).

El estrato andino se caracteriza por incluir coberturas arbóreas por encima de 1000 hasta 3600 msnm; los elementos florísticos varían entre Asteraceae, Cunnoniaceae, Laurácea, Melastomatáceas, Rubiáceas, entre otras (Van der Hammen, 1998; C.S.H, 2000) y para los municipios de Belén y Cerinza comprende:

Páramo bajo (subpáramo): Se le define desde 3200 hasta 3600 msnm, con temperaturas medias anuales entre 6 y 12°C; se caracteriza por predominio de vegetación arbustiva, matorrales (arbustales) dominados por especies de *Diplostephium, Monticalia y Gynoxys* (Asteraceae), de *Hypericum* sp. (*H. laricifolium, H. ruscoides, H. juniperinum*) de *Pernettya, Vaccinium, Bejaria y Gaultheria* (Ericaceae) que comprende zonas de bosque Montano.

Bosque Andino Alto: Se encuentra entre 2750 y 3300 msnm con temperaturas medias anuales entre 9 y 12°C y precipitaciones entre 900 y 1500 mm/año, correspondiente al bosque húmedo montano (*bh-M*) y bosque muy húmedo montano (*bh-M*), serían bosques con encenillo (*Weinmannia tomentosa*), Pegamoscos (*Bejaria resinosa*), *Clethra fimbriata*, Gaque (*Clusia* sp.), canelo (*Drymis granatensis*) y espino (*Duranta mutisii*), entre otras.

Bosque Andino Bajo: ubicado en laderas bajas entre 2550 y 2800 msnm con temperaturas entre 12 y 14°C y precipitaciones entre 600 y 900 mm/año, correspondiente según Holdridge al bosque húmedo montano bajo. Los bosques a esta altitud pueden estar compuestos por corono (*Xylosma spiculiferum*), espino y raque, con otras especies como arrayán (*Myrcianthes leucoxyla*), cineraria espinosa (*Barnadesia espinosa*), salvio (*Cordia lanata*), palo blanco (*Ilex kunthiana*) y *Blechnum occidentale*, entre otros.

4.2 ENTORNO AREAS DE BELÉN Y CERINZA

4.2.1 Municipio de Belén. La zona de estudio en los municipios de Belén (5°58'50.35 N; 72°52'25.02''O) y Cerinza (5°58'42 78''N; 73°57'01.01''O), se ubica en zona de valle interandino, en la subregión del altiplano central y valles fértiles Tundama y Sugamuxi. En el área de influencia del municipio de Belén se presentan tres zonas climáticas diferenciadas una de ellas de clima frío y húmedo, con terrenos ubicados entre los 2500 y 3000 msnm; la segunda de clima muy frío de Subpáramo, terrenos ubicados entre los 3000 a 3600 msnm y clima de páramo entre los 3600 a 3800 msnm.

El entorno geológico esta definido por el tipo de rocas aflorantes y las estructuras de carácter regional y local presentes en el área, las cuales son determinantes en el modelo de territorio actual, y han controlado a través del tiempo geológico la cobertura y los modelos de uso y ocupación de suelo. (IGAC, Citado en Salamanca, 2010). El comportamiento climático para la zona es bimodal, con dos (2) épocas de lluvia, en los meses de abril, mayo, octubre y noviembre. La actividad apícola comienza una vez finalizada el período de lluvias que corresponde a los meses de diciembre a febrero y de junio a julio.

Los bosques húmedos que comprende las zonas estudiadas, por encima de los 2.500 m de altitud son generalmente bajos, pero densos y con 5 hasta 20 metros de alto (Young, 2006) y la predominancia de las hojas micrófilas a medida que nos elevamos en altitud corrobora lo expuesto por Cuatrecasas, (1958) Citado en Abele, (2000). En estos entornos se junta una serie de condiciones donde la humedad del suelo que proviene de las lluvias es mayor a la cantidad de agua que requieren las plantas para satisfacer sus necesidades fisiológicas en la transpiración y la fotosíntesis y así favorecer la producción de polen.

La cobertura vegetal especialmente los bosques densos, los matorrales y arbustales, lugares que se convierten en el hábitat natural para fauna; con la desaparición de los bosques y la reducción de los relíctos existentes hoy día se pone en peligro de extinción muchas especies que se ven enfrentadas al problema de la falta de alimento y refugio existentes, (D. A. P., 2007). El aspecto general de la fisiografía de las zonas de estudio, (Figura 9).

Figura 9. Aspecto general de la fisiografía asociada a la zona de estudio en los municipios de Belén y Cerinza (Boyacá)

Fuente: Autor.

Las principales consociaciones biogeográficas del sistema de Holdridge, (1976) para el sector de Belén y el área de estudio en general permiten identificar cuatros zonas (Figura 10), cuyas condiciones de clima y altitud y junto con ello las características de entorno y cobertura vegetal se muestran en la Cuadro 1 y 2 respectivamente.

Figura 10. Relación geográfica y disposición de las zonas de vida de la zona de estudio

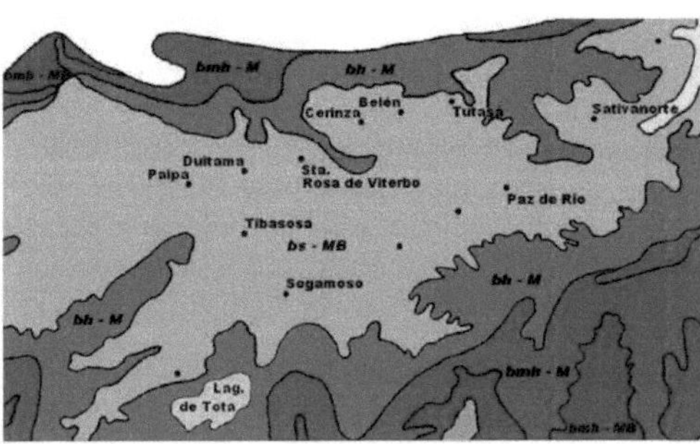

Fuente: IGAC, 1977

Cuadro 1. Condiciones de entorno biogeográficas de las zonas de vida Municipio de Belén.

Zona	Condiciones
Bosque seco montano bajo *(bs-MB)*	Temperatura de 12 a 20°C, precipitación es de 500 a 1000 mm. Altitud de 2500 a 2.750 m.s.n.m.
Bosque húmedo montano *(bh-M)*	6 a 12°C, altitud superior a 2800 msnm; precipitación de 500 a 1000 mm/año.
Bosque muy húmedo montano *(bmh-M)*	6 a 12°C, altitud superior a2800 msnm 2800, precipitación 1000 a 2000 mm/año.
Bosque pluvial Montano *(bp-M)*	6 a 12°C, altitud superior a2800 msnm, precipitación mayor 2000 mm/año.
Páramo pluvial subalpino *(pb-SA)*	3 a 6°C, altitud entre 3800 a 4500 msnm, precipitación mayor a 1000 mm/año.

Cuadro 2. Zonas de vida y condiciones de entorno en el área de influencia de Belén

Zona de vida	Entorno y Biodiversidad
Bosque seco montano bajo *(bs-MB)*	Aparece en correspondencia a altas planicies andinas y cañones un poco resguardados dentro delas cordilleras, topografía en terrenos ondulados, pertenece a este entorno especies *Myrcine sp, Xylosma sp, Myrcianthes leucoxyla entre otros.*
Bosque húmedo montano *(bh-M)*	Formaciones vegetales arbustivas endémicas de bosque de cliserie. Especies arbóreas chite, encenillo, helechos, mangle, siete cueros y tobo. Sectores; La Donación, el Rincón, Molino, Turinquita y la Venta.
Bosque muy húmedo montano *(bmh-M)*	Zona de ladera en las localidades de Tuaté. Monterredondo. San Luis. Centro y Caracoles. Montero. Rincón. La Venta y Tirinquita. Especies endémicas, zona de pastoreo y de alta intervención antrópica. Las especies comunes: helechos, tobo, sietecueros, chite y encenillo.

4.2.2 El municipio de Cerinza. Los aspectos fisiográficos de la zona de Cerinza se enmarcan en el sistema montañoso de la cordillera oriental de páramos y subpáramos, que comprende el páramo de La Rusia al occidente del área de estudio. Esta zona es de vital importancia desde el punto de vista del recurso hídrico del sector. El área total estimada es de 61,62 Km^2, el estado natural es del 43% y el estado de drenaje alterado del 57% tanto en la margen izquierda como derecha, (IGAC, 2000). La región es homogénea en términos de suelos, dominancia climática y oferta floral y se pueden distinguir tres zonas de vida utilizando el sistema Holdridge, (1976), zonas de páramo subalpino (*p-SA*), bosque húmedo montano (*bh-M*) y seco montano bajo (*bs-MB*), (Cuadros 3 y 4).

Es de considerar que además de la precipitación y altitud, se halla otros factores, la topografía que afecta a los procesos edáficos, la influencia humana que ha alterado los bosques y los cambios climáticos se adicionan a los factores ambientales cambiantes que en su manera han provocado el dinamismo en la estructura y composición de los bosques de cliserie y posiblemente los casos de abandono de las colmenas por parte las colonias de *Apis mellífera* razón por la cual el papel imperante de establecer nuevas zonas estratégicas de producción y conservación.

Cuadro 3. Condiciones climáticas de las zonas de vida en el municipio de Cerinza

Zona	Condiciones
Bosque seco montano bajo *(bs-MB)*	Temperatura de 12 a 15°C, se producen ocasionalmente heladas. El promedio anual de precipitación es de 500 a 1000 mm. Altitud de 2.750 a 3.000 m.s.n.m.
Bosque húmedo montano (*bh-M*)	6 a 12°C, altitud de 2.700 a 3.000 m; precipitación de 500 a 1000 mm/año.
Páramo subalpino (*p-SA*)	Temperatura de 2 a 6 °C altitud de 3300 a 3850 msnm y una precipitación promedio anual de 500 a 1000 mm.

Cuadro 4. Zonas de vida y condiciones de entorno en el área de influencia de Cerinza

Zona de vida	Entorno y Biodiversidad
Bosque seco montano bajo (*bs-MB*)	Localidades de Novare, Centro Rural, Cobagote, Toba, San victorino, El Hato, una pequeña área en la Meseta y postrimerías del casco urbano. El bosque nativo se ha venido transformando con beneficio de explotaciones ganaderas. Se presentan bosques de acacia, aliso, cerezos, cucharo, encenillo, tobo y tuno entre otros. Árboles exóticos como el eucalipto y pino.

Cuadro 4. (Continuación). Zonas de vida y condiciones de entorno en el área de influencia de Cerinza.

Bosque húmedo montano (*bh-M*)	Zona distribuida entre las veredas. Cobagote, El Hato, Martinez Peña, Meseta, Centro Rural, Novare y Toba Se perciben pendientes de 3 a 50 %. Debido a la expansión de la frontera agropecuaria, vegetación de bosque transformada con reducidas especies nativas en bosques de sucesión.
Páramo subalpino (*p-SA*)	Ésta zona se localiza en las partes altas de las veredas Novare, Centro Rural, Cobagote, Toba, El Chital, El Hato, Martinez Peña y Meseta. La vegetación predominante constituida por pajonales de la especie *Calamagrostis* sp., Carrizo, Esterilla, frailejonales y Jarilla principalmente.

El bosque seco montano bajo (*bs-MB*) a pesar de las baja pluviosidad las condiciones del medio son de subhumedad debido a las bajas temperaturas, que pueden resultar cálidas en el día y más frías durante la noche este brusco cambio provoca la presencia de heladas y escarchas (IDEAM, Citado en Vargas, 1999), convirtiéndose en un problema para el desarrollo de algunos cultivos tropicales y un factor a considerar durante la actividad apícola del sector.

En consideración a las fluctuaciones climatológicas en bosque húmedo montano bajo (*bh-M*) que se extienden desde los 2700 m s.n.m. las temperaturas medias van desde 6°C a 15°C y las precipitaciones se estiman entre 900 a 1000 mm anuales pero disminuyen en los lugares más altos y la nubosidad y nieblas frecuentes contribuyen a una constante humedad (Holdrige, 1996), este factor puede afectar la disponibilidad de polen ya que su consistencia no será apropiada para pecoreo sin embargo la producción de néctar aumenta pero con escasa concentración de azúcares, la cual no es ni constante ni regular en una planta específica; en estos términos la producción de recursos florales se vera más en tiempo cálido y cuanta más agua exista en el suelo. (Obregón, *et al*, 2006).

En épocas de sequia se retrasa el desarrollo general de las plantas, dando lugar a una floración endeble o con escaso o nulo contenido de néctar y polen. Se ha podido establecer también que cuando las noches son frescas y los días calurosos y con mucha luminosidad, la secreción de néctar se ve influido de forma muy positiva (Osorio, 2002), la hora del día también influye en los flujos de recursos útiles para la colmena y por ende en la intensidad de pecoreo de las abejas para ya que algunas flores nectaríferas o poliníferas mantienen actividad durante la noche o primera hora de mañana. Estos aspectos son considerables de acuerdo a las variantes climáticas y ambientales que se presentan en estos entornos estableciéndose bases fundamentales para conocer la relación planta insecto.

Desde el punto de vista geológico se observan depósitos del cuaternario con geoformas que cubren las laderas en las principales microcuencas, de gran vulnerabilidad en relación a los deslizamientos y remoción en masa por efectos de precipitación. Así mismo se pueden observar algunos depósitos de origen glaciar, localizados hacia la parte alta. El pH de éstos suelos son de carácter ácido, lo que se refleja en un el contenido de bases intercambiables y tolerancia al aluminio; en algunos casos se nota la solubilidad de reductos de carbonato, generando altas concentraciones de la especie en virtud a la baja capacidad de cambio. La unidad de fertilidad natural corresponde al de las formaciones del tipo Alfisol (IGAC, citado en Salamanca, (2010). (Figura 11).

Se presentan formaciones de "clay-pan" en el horizonte B de los suelos, que predominan en la mayoría de las zonas apícolas. La morfología del perfil a 0 - 0.20 m es de naturaleza franco arenosa de contextura fina, de color pardo grisáceo oscuro cuando esta húmedo y gris pardusco en seco, es de buena permeabilidad y baja retención de humedad, el pH es ácido del orden de 4.9 unidades, el suelo presenta bajos contenidos de materia orgánica en algunos casos, (IGAC, Citado en D.A.P., 2000), dada su acidez y el lavado de los cationes (Grubb, 1977) citado en Young (2006), la mayoría de las especies de plantas tiene mutualismos con hongos, específicamente con micorrizas en sus raíces, que dramáticamente aumenta los nutrientes posibles a extraer de los suelos. Por ultimo es de destacar que la composición química del suelo influye, igualmente, en la producción del néctar así, por ejemplo, previos reportes indican ciertas especies ubicados en suelos básicos producen mayor cantidad de néctar que los asentados en suelos de reacción ácida Mateu, *et al,* (1996),

Figura 11. Perfil de suelo de una zona quebrada en las postrimerías del sector de Cerinza.

Fuente: Salamanca , 2010

4.3 OFERTA FLORAL

La flora apícola indicadora de las zona de Belén y Cerinza generada del estudio de campo, está representada por 42 familias y 106 especies, distribuidos en seis grupos principales (Figura 12), con predominio de Asteraceae (29 especies) 27% del total; Ericaceae (13 especies) 12% del total; Melastomataceae (7 especies) 7% del total; Fabaceae, Rosaceae y Verbenaceae; del grupo G3 con 12 especies (11%) entre las tres; Con dos a tres especies Adoxaceae, Escalloniaceae, Hypericaceae, Lamiaceae, Loranthaceae, Myrcinaceae, Myrtaceae, Polygonaceae y Rubiaceae del grupo G2 (19%) con 19 especies y el G1 con 27 familias (25%) y 27 especies, en este grupo se distinguen la familia Agavaceae, Apiaceae, Aquifolioaceae, Araliaceae, Betulaceae, Borraginaceae, Brassicaceae, Bromeliaceae, Campanulaceae, Clethraceae, Clusiaceae, Commelinaceae, Crassulaceae, Cucurbitaceae, Cunnoniaceae, Cyperacea, Elaeocarpaceae, Euphorbiaceae, Flacourtiaceae, Lytraceae, Myricaceae, Passifloraceae, Polygalaceae, Sapindaceae, Scrophulariaceae, Solanaceae, y Winteraceae. El registro de las familias mejor representadas es congruente con los reportes de Rangel, (2000), Vargas W. (2002), Mahecha, *et al,* (2004) para franja altoandina colombiana.

Entre los recursos como fuente de polen que predominan para la zona de estudio Belén se registraron 82 especies y para Cerinza, 45 especies destacándose *Viburnum tinoides, Dodonea viscosa, Vallea estipularis, Bejaria resinosa, Duranta mutisii, Baccharis* sp., *Hipochaeris radicata, Miconia squamulosa, Myrcianthes leucoxyla, Monochaetum myrtoideum, Morella parvifolia, Gnaphalium* sp., *Muehlenbeckia tamnifolia, Taraxacum officinale* y *Weinmannia tomentosa* la cual es una fuente abundante de néctar y polen por el cual deriva una miel de excelente calidad. Belén presentó abundancia de las especies, *Baccharis latifolia, Ageratina asclepiadea, Vallea estipularis, Gaultheria anastomosans, Pernettya prostrata* y *Weinmannia tomentosa.*

Para la localidad de Cerinza con una con oferta de recursos en gran parte del año que se caracterizan por floraciones densas y con corta duración (2 a 4 meses) *Viburnum tinoides, Dodonea viscosa* y *muehlenbeckia tamnifolia* en épocas cuando otros recursos no están disponibles y entre los especímenes que predominan se encuentra *Duranta mutisii, Macleania rupestris, Miconia squamulosa* y *Gnaphalium elegans* representando importante oferta de néctar y polen. Entre los otros grupos que no están en abundancia pero en alguna época representa aporte de nutrientes esenciales y carbohidratos *Ageratina* tinifolia, *Ageratina* sp., *Baccharis* sp., *Citharexylum fruticosum, Escallonia* sp., *Gaidendrum punctatum, Palicourea sp* y *Rubus floribundus,* entre otros.

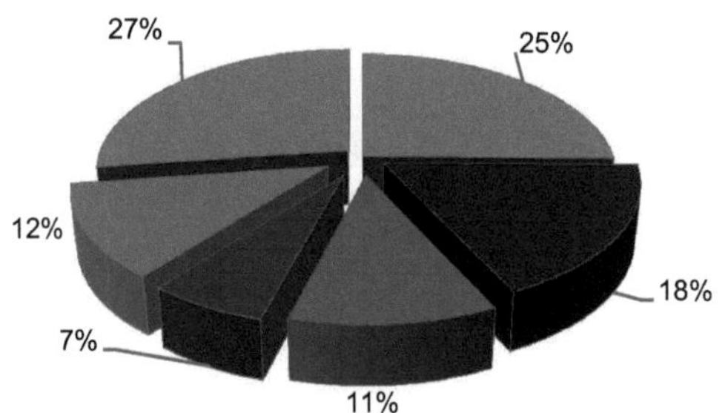

Las características propias de las familias se recogen en el anexo A. En las secciones que preceden se presenta la descripción de los especies, algunos de ellos se ilustran por familias en un sistema de láminas (figura 13 a 21).

Sambucus peruviana (Kunth) Bolli. (Adoxaceae; Sauco): Arbusto de 3-5 m de altura, hojas compuestas de 5 a 7 foliolos ovales o agudos y aserrados en los bordes, en la base contiene estipulas con glándulas nectaríferas. Inflorescencias corimbosa, de flores blancas y olorosas; cáliz es ovoideo, corola con cinco pétalos separados entre sí, de color blanco y el androceo con cinco estambres. El grano de polen trizonocolporado, isopolar, con simetría radial; en visión ecuatorial, elíptico, a veces circular, en visión polar, circular- triangular, angular aperturado; de subtranverso a erecto. Ectoaperturas de tipo colpo, terminales; endoaperturas de tipo poro. (HT-FBP-84); palinoteca de referencia (CP-UT-5).

Viburnum tinoides L.f. (Adoxaceae; Garrocho): Árbol perennifolio de 6 a 15 m de copa globosa, aplanada e irregular; hojas simples, opuestas, oblongo aovadas, glabras, de borde entero; haz verde limón brillante y envés verde pálido. Ramitas tiernas con tomento hirsuto, con estípulas prominentes. Inflorescencia, terminal en umbelas con flores de corolas blancas. La inflorescencia mide menos de 6 cm. Grano de polen es simple, trizonocolporado, poro lalongado, isopolar con simetría radial, circular o elíptico, de tamaño grande; la exina es reticulada. Semitectada. (HT-FBP-24), (HT-FBP-39); palinoteca de referencia (CP-UT-2).

Agave sp. (Agavaceae; Maguey): Planta de hasta de 10 m., hojas simples carnosas dispuestas en densas rosetas lanceoladas, algunas con margen dentado, ápice triangular acuminado; inflorescencia en panículas terminales que se originan desde el centro. Flores actinomorfas, con seis tépalos, que forman un pequeño tubo verde o amarillo y en algunos casos blanco, seis estambres; ovario ínfero, fruto en cápsula dehiscente. Su polen es oblato en vista ecuatorial y elíptica en la vista polar. Además es monosulcado con sexina reticulado y lumens amplio (No se coleccionó).

Acmella sp. (Asteraceae; Guascas): Herbácea decumbente, con raíces en los nudos, tallo rojo; hojas simples, opuestas, ovado-lanceoladas de borde dentado, hispidas por el haz y tomentosas por el envés. Inflorescencia en capítulos amarillo-naranja. Flores liguladas con 70 a 100 flósculos pentalobulados. Fruto en aquenio. Polen Mónadas, mediano de ámbito subtriangular, prolato-esferoidal, tricolporados, colpos medianos, endoabertura lalongada, exina equinada, presentando cava amplia en la región ecuatorial; palinoteca de referencia (CP-UT-40).

Ageratina asclepiadea. (L.f.) R.M. King & Rob (Asteraceae; Amarguita): Arbusto con tallo estriado, hojas pubescente, opuestas elípticas, verdes por la haz y grisáceo por envés, inflorescencia corimbosa brácteas del involucro verde con terminaciones negruzcas, de 10 a 60 flores por cabezuela, flores de la corola blanca, tubo basal delgado, lóbulos triangulares, con la parte interna papilosa, aquenios prismáticos o fusiformes de 5 costados. El grano de polen agrupación mónada, oblato circular, de aperturas cortas, tricolporado, endoabertura lalongada elíptica, espinosa, espinas cónicas puntiagudas e numero de 15 en vista polar. (HT-FBP-48); palinoteca de referencia (CP-UT-16).

Ageratina theaefolia (Benth.) R. M. King & H. Rob. (Asteraceae; Amarguita): Arbusto con tallo estriado, hojas opuestas elípticas de borde aserrado, inflorescencia blancas terminales y corimbosa, tubo basal delgado, lóbulos triangulares, aquenios prismáticos o fusiformes de cinco costados. Es común de bosques enanos y bordes de paramo, follaje verde claro, pubescencia en el envés. Polen de Ámbito circular; oblato-esferoidales. Polen de aperturas cortas; 3 colporos, loxocolpados; endoabertura lalongada elíptica. Exina espinosa, espinas muy pequeñas, báculos imperceptibles. (HT-FBP-43); palinoteca de referencia (CP-UT-24).

Baccharis macrantha Kunth (Asteraceae; Ciro o Cacique): Árbol dioico que alcanza 5 m y 15 cm de diámetro en su tronco tortuoso, corteza gris y copa redonda, follaje denso y de color verde claro. Hojas simples, alternas, elíptica y de borde aserrado, lámina brillante verde amarillento y terminan en punta corta, dispuestas helicoidalmente Flores dispuestas sobre cabezuelas en forma de racimos. Fruto en aquenio café, con pelos largos, cada uno con una semilla. Grano de polen mónade Suboblato a prolato, isopolar. Circular en vista polar, circular a elíptico en vista ecuatorial. Tricolporado, equinado. Columelas evidentes. Presencia de cavas a continuación de las columelas. (HT-FBP-42); palinoteca de referencia (CP-UT-13).

Baccharis tricuneata (L.f.) Pers. (Asteraceae; Sanalotodo): Plantas erectas o rastreras a ras del suelo hasta 1.5 m de altura, glabros. Tallos punteado-glandulares. Hojas con el ápice trilobado, con la forma de una pata de pato; base atenuada, margen engrosada y hacia el ápice con 1 a 3 lóbulos, nervadura hifódroma. Capítulos solitarios racimosos Flósculos filiformes y tubulares. Grano de polen suboblato-esferoidal. Ámbito circular. Tricolporado, endoabertura lalongada, equinado, espina de ápices agudos. Exina fina, tectada perforada (HT-FBP-7) (HT-FBP-76); palinoteca de referencia (CP-UT-43).

Bidens sp (Asteraceae; Chipaco): Hierba con pelos septados. Tallos postrados o escandescentes verde rojizos. Hojas compuestas, y opuestas de lámina ovada, el ápice de los lóbulos es agudo. Las inflorescencia son terminales con 5-12 flores periféricas de color amarillo y múltiples flores fértiles en el centro. Fruto en aquenio. Grano de polen esferoidal con aberturas largas, tricolporado; fenestrado, muros altos suavemente estriados sostenidos por clavas, lagunas psiladas esferoidal, tectada, supraequinada tricolporado; colpos con membranas lisas; palinoteca de referencia (CP-UT-25).

Chromolaena sp. (Asteraceae; Jarilla): Subarbusto de hojas simples opuestas, ovadas, con borde finamente dentado, lanoso y agudo en el ápice, con tres nervaduras principales. Inflorescencia en capítulos terminales tomentosos, cilíndricos estrechos, multiseriados. Flores androginas blancas campanuladas, anteras con ápice agudo, base obtusa, estilo bífido exerto. Grano de polen mónada, isopolar, radiosimétrico. Tricolporado, poro de circular a lalongado o inconspicuo. Ámbito triangular, oblado esferoidal. Exina gruesa, equinada; tectada. (HT-FBP-29); palinoteca de referencia (CP-UT-27).

Conyza bonariensis (Benth.) (Asteraceae; Coniza): Hierba de hojas alternas, oblanceoladas, margen entera o ligeramente aserrada, ápice acuminado, base atenuada. Inflorescencia axilar o terminal en capítulos pequeños con flores verde amarillentas y pentadentadas; con 5 estambres. Grano de polen esférico con vista polar circular mediano, exina delgada, sexina y nexina de igual espesor. Tectado, supraequinada; espinas de base, cónicas. Tricolporado con colpos con membranas lisas y transversales. (HT-FBP-21); palinoteca de referencia (CP-UT-4).

Critoniopsis paradoxa (Sch. Bip.) V. M. Badillo (Asteraceae; Amarguero) Árboles de 5 m de altura aproximadamente. Hojas alternas grisáceas, simples; pubescentes con lenticelas; láminas rugosas, de forma elíptica 17-18 cm de largo x 10-11 cm de ancho, margen dentado-sinuado, ápice agudo y base angosto atenuado; vena primaria dominante en la superficie abaxial, nervadura brochidódroma. Polen esferodial, tricolporado, con patrones ordenados de lagunas o areolas en los polos, equinado, perforaciones en el tectum. (HT-FBP-66).

Figura 13. Especies de la familia Adoxaceae, Agavaceae y Asteraceae.

Sambucus nigra (Sauco)
Viburnum tinoides (Garrocho)
Agave sp. (Maguey)
Ageratina sp (Amarguita)
Baccharis latifolia (Chilco)
Baccharis macrantha (Ciro)
Fuente: Autor

Espeletiopsis muiska   (Asteraceae; Frailejón): Planta con hojas de unos 40 cm. que aparecen de un tallo único, alternas de borde entero, cubiertas por una vellosidad blancuzca que les da su aspecto plateado y sésil. Inflorescencia amarilla en corimbo cimoso de ramas floríferas ramificado desde la base y fruto en cápsula con una semilla. El frailejón es de vital importancia para la conservación y el sostenimiento de fuentes hídricas. Los granos de polen son amarillos, tricolporados, oblato esferoidales. Aberturas largas; endoapertura lalongada elíptica. Exina con espinas grandes con columelas prominentes en sus bases, exina espinulada; palinoteca de referencia (CP-UT-19).

Gnaphalium elegans (Asteraceae; Vira vira): Herbácea decumbente de 1metro.Tallos y hojas canescentes. Estas simples, alternas, sésiles y decurrentes, por el haz café y por el envés canescentes y lanceolada. Inflorescencia en capítulos, involucro tetraseriado con 36 filarias membranosas de color crema. Capítulos hasta 45 flósculos femeninos, filamentosos y siete flósculos hermafroditas; anteras sagitadas. Fruto en aquenio y papus formado por numerosas aristas. Grano de polen prolado esferoidal con aberturas largas, tricolporado; endoapertura elíptica o constricta en la parte media, grande, lalongada. Exina espinosa, estas a su vez cortas piramidales. (HT-FBP-80).

Gnaphalium sp. (Asteraceae; Vira vira): Arbusto de hojas alternas, elípticas, agudas hasta acuminadas en el ápice; gradualmente atenuadas y angostas hacia la base, penninervias, y con peciolo corto. Su inflorescencia terminal o axilar en cabezuelas sésiles, hermafroditas, actinomorfas; de corola tubular lila, campanulada. Polen mónada, isopolar, radiosimétrico, tricolporado, poro lalongado con extremos agudos, ámbito circular, oblado esferoidal. Exina gruesa tectada espinada. Cava presente. Espinas cónicas. (HT-FBP-81); palinoteca de referencia (CP-UT-47).

Montanoa sp. (Árbol loco): Árbol de corteza escamosa, hojas simples, opuestas, dispuestas en cruz, por su haz son glabras y por su envés son pubescentes, tienen forma de corazón u ovada, triangular o pentagonal, borde entero o suavemente aserrado y con peciolos delgados. Flores amarillas liguladas alrededor del disco floral, se disponen en inflorescencias terminales paniculadas; fruto en aquenio. Grano de polen oblato-esferioidal en vista ecuatorial, aproximadamente circular con cerca de quince espinas en vista polar, tricolporado; sexina con espinas puntiagudos próximas unas de otras, báculos más altas sobre las espinas. (HT-FBP-40); palinoteca de referencia (CP-UT-18).

Oyedaea sp: (Asteraceae; Aguinaldo): Arbusto que crece en los barrancos; hojas opuestas, rara vez verticiladas, simples y enteras o dentadas, algunas veces compuestas o diversamente divididas; estípulas ausentes. Predominan hojas simples, pero hay opuestas, generalmente sin estípulas, hojas escabrosas. Sus inflorescencias en capítulos de coloración amarillos a blancos. Estructura polínica es simple, trizonocolporado, rara vez tetrazonocolporado, isopolar, con simetría radial, elíptico o circular, tamaño pequeño a grande. (HT-FBP-49); palinoteca de referencia (CP-UT-51).

Figura 14. Especies representativas de la familia Asteraceae.

Baccharis tricuneata

Bidens sp. (Chipaco)

Ageratina asclepiadea

Espeletiopsis muiska

Gnaphalium sp. (Vira vira)

Hipochoeris radicata (Chicoria)

Fuente: Autor.

Pentacalia vaccinoides (Kunth) Cuatrec. (Asteraceae; Tangue): Arbustos erectos 2 a 3 m de altura glabro excepto por los pedicelos puberulentos, y sin tallos subterráneos. Hojas ni imbricadas, ni articuladas; lámina 1.2 a 6 cm de largo, opaca, base atenuada. Hojas con orientación ascendente, subsésiles; oblanceolada u obovada, coriácea, verde grisácea o verde azulada, punteada, vena media impresa y sulcada por el envés. Polen de ámbito circular, prolado esferoidal, endoabertura lalongada constricta en el centro, espinosa baculado, sexina más gruesa que la nexina. Espinas en vista polar 13. (HT-FBP-12); palinoteca de referencia (CP-UT-43).

Hypochoeris radicata L. (Asteraceae; Falso león o Chicoria): Herbácea de clima frio, hojas en roseta y pecíolo alado, margen lobulada a pinnatisecta, carnosas y con tricomas, los tallos son ramificados huecos con exudado lechoso. Inflorescencias erectas en monocasios, hasta 50 cm, ramificadas y capítulos amarillos. Flores sésiles, hermafroditas, zigomorfas; corola ligulada, pentadentada amarilla. Grano de polen mónade, isopolar, radio simétrico. Abertura tricolporado. Esta con tres lagunas seguidas comunicadas por una estrecha hendidura. Forma triangular, hexagonal, suboblato. Exina gruesa fenestrada. (HT-FBP-60); palinoteca de referencia (CP-UT-31).

Senecio formosus Kunth (Asteraceae; Senecio): Herbácea de tallo erecto, hojas alternas, membranáceas, pinnatipartidas y papus blanco en toda su longitud. Inflorescencia terminal y axilar en corimbos moradas, flor en capítulos con pedúnculo corto, rodeadas por brácteas pilosas; flores hermafroditas, actinomorfas de corola blanca tubular pentadentada; androceo con cinco estambres blanquecinos, fruto en aquenio.Herbácea típica de los páramos, donde resaltan pos sus tallos y sus inflorescencias de color morado. El grano de polen es circular a oblado esferoidal, de agrupación mónade, isopolar, radiosimétrico y tricolporado; extremos agudos no siempre distinguibles. Exina tectada perforada, espinada. (HT-FBP-2).

Smallanthus pyramidalis (Triana) H. Rob. *(Sin. Polymnia pyramidalis)* (Asteraceae; Árbol loco): Árbol de 10 m de altura aprox. Tronco recto con nudos sobresalientes; follaje verde claro, flores amarillas. Especie originaria del norte de Suramérica. Grano de polen oblato-esferioidal en vista ecuatorial, aproximadamente circular con cerca de quince espinas en vista polar, tricolporado; sexina con espinas puntiagudos próximas unas de otras, báculos más altas sobre las espinas.

Taraxacum officinale Weber (Asteraceae; Diente de león): Herbácea de hojas simples, dentadas alternas, agrupadas en roseta en la base del tallo; de la roseta basal nace el pedúnculo sin ramificar, que lleva en su parte apical las cabezuelas amarillas rodeadas por brácteas lanceoladas verdes y margen rojiza; flores sésiles, hermafroditas y zigomorfas. Capítulo formado por lígulas provistas de pistilos y estambres funcionales. Polen amarillo, mediano, con agrupación mónade. Simetría isopolar y escultura equinada. Exina gruesa. Tipo de apertura triporado y cinco *espinas*; palinoteca de referencia) (CP-UT-43).

Oreopanax floribundum Decne & Planchon (Araliaceae; Flautón o Candelero): Árbol de hasta 5m; hojas simples alternas, con bordes salientes grandes y de cinco a nueve lóbulos, ápice agudo, margen aserrada o lobulada con estípulas pequeñas, de haz verde y envés amarillo. Inflorescencia en umbela compuesta y de color amarillo, el gineceo contiene ovario ínfero; fruto en baya. Las flores del candelero suministran a las abejas néctar y polen. El grano polínico es vista polar semiangular, lados cóncavos, las aberturas en ángulos obtusos. Exina semitectada; microrreticulada; Tricolporado, escasamente tetracolporado, ectoaberturas delgadas.

Alnus acuminata Furiuv. (Betulaceae; Aliso): Árbol caducifolio de 30 m, con tronco de corteza lisa, el follaje verde claro brillante; las hojas son simples, alternas, oblongas a ovado-oblongas, de borde aserrado el ápice agudo, la base obtusa y con estípulas. Su inflorescencia en amentos de color crema, con flores unisexuadas masculinas o femeninas pero en el mismo árbol (planta monoica); el gineceo con ovario ínfero y sus frutos pardos en sámara, parecidos a una piña con varias semillas. Polen oblato-esferoidal, radiosimétrico e isopolar. Poligonal en vista polar. Tetraporado y estefanoporado con cinco poros, psilado y levemente escabrado. Poros prominentes, con espesor anular característico. (HT-FBP-1).

Cordia lanata Kunth (Borraginaceae; Gomo salvio): Árbol de 6 m cuando crece aislado, árbol mediano de 10 m en los bosques riparios. Hojas simples alternas, membranosas, elípticas a oblanceoladas, rugosas, medianas (8–12 cm) de color claro, aterciopelado por el envés, glabrescente o hirsuto por el haz. El grano de polen es prolado esferioidal, de gran tamaño, de color amarillo, agrupación mónade, trizonocolporado; clavado, de simetría isopolar, radiosimétrico. La exina es fina.

Raphanus sp. (Brassicaceae; Rábano): Herbácea detalle rudimentario y hojas moderadamente grandes de pedúnculo alargado, su raíz es de forma alargada o esférica. Sus inflorescencias son en racimos y sin brácteas con limbo blanco y venas violetas; flores regulares con el cáliz de cuatro sépalos dispuestos en dos verticilos. Granos de polen amarillos, suboblatos de aproximadamente 25 µm de diámetro, tricolpados, con la exina reticulada. Granos de polen amarillos, suboblatos, mediano, tricolpados, con la exina reticulada.

Puya sp (Bromeliaecae; Cardón): Roseta cuando florece alcanza 0.6 a 2 m de altura. Hojas lanceoladas; vaina hasta de seis centímetros de ancho. Inflorescencia en racimo tomentoso; sépalos obovados, el ápice obtuso y pétalos verde azulados, levemente tomentoso hacia la base. Grano de polen oblato; de ámbito esferoidal de abertura sulcado, el tamaño del retículo disminuye hacia el sulco. Exina heteroreticulada, muros simplibaculados; columnelas visibles en campo óptico de mayor aumento. (No se colecciono flores)

Figura 15. Especies representativas de las familias Asteraceae, Betulaceae y Brassicaceae.

Fuente: Autor.

Siphocampylus paramicola Mc Vaugh (Campanulaceae. Lobelioideae; Zarcillejo): Arbustos de hojas simples, flores solitarias o en racimos terminales o corimbos; hipanto turbinado o hemisférico; corola rojiza, morada, amarillenta o verdosa; tubo entero, del mismo largo o más que el limbo, las anteras unidas y las tres dorsales recurvadas. Fruto capsular con paredes duras y secas. Presenta dehiscencia apical. Grano de polen mediano, mónade, isopolar, tricolporoidado. Colpo constricto ecuatorialmente. Forma subtriangular, exina fina, tectada y fosulada. (HT-FBP-54); palinoteca de referencia (CP-UT-30).

Clethra fimbriata Kunth (Clethraceae; Manzano-azafran): Es un arbusto de 1.5 m en el subpáramo perhúmedo, puede ser un árbol de 9 m del límite superior del bosque; reprimida en el sotobosque del encenillal es un arbusto bejucoso con hojas casi glabras casi irreconocible. Hojas típicas (de luz) simples alternas elípticas; haz verde oscuro lustroso, glabro o glabrescente; envés característico aterciopelado, naranja–ferrugíneo en hojas jóvenes, torna a gris casi glabro en las viejas. Especie observada, no coleccionada.

Clusia multiflora (Kunth) (Clusiaceae; Gaque o Chagualo): Árbol de follaje verde oscuro, Hojas simples opuestas, muy gruesas y coriáceas, obovadas; ápice redondeado, borde ligeramente revoluto y entero, con limbo decurrente, nervios secundarios paralelos entre sí presenta un exudado amarillento. Especie dioica, flores dispuestas sobre ejes cortos y gruesos, las masculinas son blancas, tiene numerosos estambres, las femeninas miden 1.5 cm de diámetro, su cáliz es de color verde, pétalos de color blanco. Fruto en cápsula con múltiples semillas. El grano de polen trizonocolporado, isopolar con simetría radial, elíptico, tamaño pequeño a mediano; exina perforada finamente reticulada.

Commelina diffusa Burm. f. (Commelinaceae; Suelda consuelda): Herbácea suculenta y postrada. De hojas con la vaina foliar bien diferenciada; su inflorescencia esta subtenida por una bráctea grande y vistosa, espatácea, el pedúnculo bifurcado en el interior de la bráctea, ramificación basal con pocas flores, todas estaminadas, la rama superior con numerosas flores todas hermafroditas, irregulares, cáliz con tres sépalos subyúgales, la corola presenta tres pétalos de color azul. Especie observada en campo no colectada.

Bryophyllum pinnatum (Lam.) Oken. (Crassulaceae): Hierba glabras, glaucas, perennes, tallos huecos, 5-20 dm de largo, raramente ramificado, la producción vegetativa por brotes adventicios de la base inferior y superior hojas simples, los medios por lo general compuestas pinnadas con 3-5 foliolos, opuestas, hojas planas, elípticas, de 5-20 cm de largo, 10.2 cm de ancho, los márgenes crenado, a veces produciendo bulbillos, pecíolos 2-10 cm de largo. Flores en cimas paniculadas 20-80 cm de largo, cada uno independiente en pedicelos 1-2.5 cm de largo; sépalos de color amarillo pálido, corola pubescente glandular.

Cucurbita pepo L. (Cucurbitaceae; Bolo): Herbácea rastrera con nudos; hojas alternas, acorazonadas, crecen erectas en peciolos largos y firmes. Flores axilares, unisexuales e hispidas. Estas masculinas van en grupo de tres a seis por la axila. El periantio de las flores estaminadas y pistiladas se forma de cáliz y la corola de cinco partes soldadas. Su estructura polínica es simple, trizonocolporado o trizonoporado o tetrazonoporado, isopolar con simetría radial, elíptico; tamaño mediano o mediano a grande; la exina es reticulada o reticulado perforada. Exina tectada, supraequinada. Anteras colectadas. Aunque no pertenece al bosque de cliserie suministra un nivel considerable de polen cuando hay cultivos o individuos extendiéndose.

Weinmannia tomentosa L.f. (Cunnoniaceae; Encenillo): Arbusto de hojas imparipinnadas, opuestas, de borde aserrado y presenta estípulas connadas. Inflorescencia pubescente en racimos terminales, flores pequeñas y blancas; pétalos son más pequeños que sus sépalos y alternos a ellos; androceo es notorio con muchos estambres. Fruto capsular bivalvo y con semillas ciliadas. Grano de polen es trizonocolporado, tectado y con una alta variable ornamentación de la exina. Se observan cuatro categorías en la ornamentación de la exina del grano de polen; reticulado estriado, reticulado modificado, rugulada modificada y ornamentación de tipo punteado. (HT-FBP-47); palinoteca de referencia (CP-UT-6).

Rhynchospora nervosa Boeck (Cyperaceae; Tote o estrellita): Herbácea de hojas simples basales, trísticas pubescetes, dorsiventrales, vaina entera; limbo lineal, base abrazadora, apice agudo, borde serrulado, persistentes, nerviacion paralelinervia y consistencia papiracea. Inflorescencias en espiguillas alargadas y agrupadas, de coloración blancas, sésiles; flores hermafroditas, aclamídeas, recubiertas por una bráctea abovada, coriácea de color blanca translucida; el gineceo se halla inserto con un estilo, dos estigmas plumosos rojizos y el ovario es súpero. Grano de polen dimórfico, ovoide o priforme. Exina es de 1.6μm. sexina mayor que la nexina. Intectada, escabrosa e inaperturada. Herbácea no colectada.

Vallea estipularis Mutis (Elaeocarpaceae; Raque): Árbol con ramitas rojizas, hojas simples, alternas, de forma acorazonada, con el borde entero, su envés es de color blancuzco y posee vellosidades donde nacen sus nervaduras; con peciolos largos y curvos y con estípulas reniformes. Inflorescencia axilar en cimas, de color rosado, rojiza, siendo pentámeras, con sépalos y pétalos libres; el androceo con numerosos estambres. Fruto capsular pequeño y verrugoso. Grano de polen subprolato; de ámbito esferoidal. Aberturas tricolporados; endoaberturas lalongada. Exina psilada. (HT-FBP-33); palinoteca de referencia (CP-UT-49).

Bejaria resinosa Mutis (Ericaceae; Pega-Pega): Arbusto de flores vistosas de color rojo, cubiertas de una resina al igual que los retoños y los sépalos que le sirven como cazamoscas. Hojas alternas, verticiladas. Inflorescencia en racimo; las flores con siete pétalos libres, de color rojo, con el cáliz campanulado y de lóbulos persistente; el androceo presenta numerosos estambres. Grano de polen en tétrada, subprolato, esferoidal, con aberturas tricolporadas, endoabertura lalongadas. Exina psilada. (HT-FBP-18); palinoteca de referencia (CP-UT-11).

Cavendishia pubescens Hemsei (Ericaceae; Quereme): Arbusto que presenta un indumento denso, corto y suave en las partes terminales del follaje y el cáliz, de ramitas angulosas. Inflorescencia terminal en racimos cubiertos por un conjunto de brácteas arteciopeladas, pedúnculo y pedicelo tienen vello; corola es tubular de color rosado. Planta no colectada.

Gaultheria sclerophylla Cuatr. (Ericaceae; Uvito de paramo) Arbusto de tallos erectos y peciolos acanalados; lámina es ovada a elíptica, de haz glabra, envés verde rojizo; presenta pelos glandulares poco conspicuos sobre las venas, la base es a veces un poco asimétrica, redondeada a subcordada, de margen aserrada, la nervadura es broquidódroma. El polen, forma una tétrada tetraedral con ámbito triangular en vista apical y mónade. Aberturas cortas, trihemicolporados; endoabertura lalongada; la margen psilado-rugulada. Exina es rugulada, delgada. (HT-FBP-77).

Macleania rupestris (Kunth) A.C. Smith (Ericaceae; Uva caimarona o Comadera): Arbusto de 7m y 15cm de diámetro en su tronco; follaje verde claro, hojas simples, alternas, lucientes y carnosas elípticas y algunas veces ovalada, borde entero. Inflorescencia axilar; corola urceolada o subcilíndrica roja o anaranjada, frutos en bayas. El polen se encuentra en tétradas tetraedrales, con ámbito triangular; lado convexo en vista apical; agrupación mónade, ámbito circular; aberturas largas, trihemicolporados; endoaberturas lalongadas. (HT-FBP-18); palinoteca de referencia (CP-UT-11).

Pernettya postrata (Cavanilles) A. P. de Candolle (Ericaceae; Reventadera): Arbustos bajos, de hasta 30 cm de alto. Hojas son alternas, lanceoladas, de hasta 1,5 cm de largo, gruesas, con el borde aserrado. Las flores son solitarias, de hasta 5 mm de largo, con forma de jarroncito con 5 dientes, blancas a veces teñidas de rosado. Los frutos son redondos y carnosos altamente tóxicos a diferencia de los otros grupos; se suele confundir con *Gaultheria anastomosans* lográndose diferenciar por la base cordada de este último y por el cáliz persistente en el fruto (*Extrorso en Pernettya*).

Croton sp. (Euphorbiaceae; Drago o Sangredrago): Árbol monoico, hasta de 15m, ramitas estrellado pubescentes; con savia roja. Hojas simples, alternas, ovado-triangulares a ovadas, densamente estrelladas pubescentes, principalmente en el envés, anaranjadas rojizas cuando están viejas; pecioladas y con glándulas estipitadas. Flores unisexuales, en racimos terminales, blanco verdosas. Frutos en capsulas dehiscentes. Su estructura polínica es simple, circular; de tamaño mediano; isopolar, con simetría radial; la exina es perforada o finamente reticulada. (HT-FBP-56); palinoteca de referencia (CP-UT-7).

Figura 16. Especies representativas de las Familias Clusiaceae, Commelinaceae, Cunnoniaceae y Cyperaceae.

Clusia multiflora (Gaque)

Commelina diffusa
(Suelda consuelda)

Weinmannia tomentosa (Encenillo)

Rynchonspora nervosa
(Tote o estrellita)

Fuente: Autor.

Acacia decurrens Willd (Fabaceae. Mimosoidae; Acacio japonés): Árbol de clima frio; de follaje verde mate, las hojas son recompuestas, alternas y estipuladas. Flores redondas de coloración amarillas, agrupadas, con numerosos estambres entre once o más. Frutos en legumbre rojizos. Grano de polen se encuentra en polinias de forma oblada; inaperturada, constituidas por dieciséis granos, ocho centrales (cuatro en cada cara) y los restantes dispuestos en la periferia (en grupos de dos), y son granos irregulares. Exina es lisa delgada. (HT-FBP-71); palinoteca de referencia (CP-UT-17).

Acacia melanoxylon R. Browm. (Fabaceae. Mimosoidae; Acacio negro): Árbol de hojas en filodio, alternas, de borde entero, glabras; la nervación paralela y posee pequeñas estipulas libres. Las flores son de forma redondas de color crema agrupadas en cabezuelas y panículas.El grano de polen se encuentra en polinias de forma oblada; inaperturado, constituidas por dieciséis granos, granos irregulares. (HT-FBP-30);

Cytisus monspessulanus L. (Fabaceae. Papiilionoidae; Retamo): Arbusto de ramaje suavemente disperso, siendo peludas cuando jóvenes; las hojas son tricompuestas de peciolos cortos y ovalados. Sus flores son perfumadas, de coloración amarilla, en espiga de pocas flores. El fruto es en vaina. Se registra en bosque seco montano bajo (*bs-MB*). Grano de polen enMónadas. Ámbito circular; forma prolada a subprolada, polos redondeados en vista ecuatorial; granos tricolporados. (HT-FBP-68).

Lupinus bogotensis Benth (Fabaceae. Papiilionoidae; Altramuz): Planta detallo erecto, que habitualmente alcanzan hasta 2 m de altura. Sus hojas están formadas por un número impar de foliolos y su aspecto digitado, por el haz brillante y por su envés verde blancuzco, foliolos elípticos y textura coriáceas. Las flores se reúnen en largas y vistosas inflorescencias en racimos verticales. El grano de polen es simple, trizonocolporado, isopolar, con simetría radial, de tamaño pequeño a mediano, ocasionalmente grande; la exina reticulada; forma prolada; polos redondeados. (HT-FBP-3); palinoteca de referencia (CP-UT-14).

Trifolium repens L. (Fabaceae. Papiilionoidae; Trébol carretón): Herbácea rastrera, estolonífera, de hojas largas, pecioladas, de foliolos obovados u obcordados, con una mancha blanquecia en forma de "v" en medio. Inflorescencias en cabezuelas más bien laxas y globosas, con pedúnculos delgados que salen de las axilas de los tallos horizontales y brácteas pequeñas; las flores blancas o rosadas, con 5 pétalos dispuestos irregularmente.El grano de polen es trizonocolporado, de color amarillo, isopolar, con simetría radial; en visión ecuatorial es elíptico; en visión polar es circular, de tamaño mediano; palinoteca de referencia (CP-UT-28).

Xylosma spiculiferum Tulasne (Flacourtiaceae; Espino corono): Árbol que alcanza los 12 m de altura y los 40 cm de diámetro en su tronco; espinoso, su copa globosa, es densa, persistente de verde oscuro, sus ramas crecen en forma horizontal a oblicua. Las hojas simples, pequeñas, opuestas de margen aserrado, de textura cartácea, de ápice obtuso y base cuneada. Inflorescencias en racimos axilares; flores de color azul blancuzco, tubulares. Frutos en bayas. La estructura polínica es simple, trizonocolporado con simetría radial, elíptico o circular, tamaño pequeño a mediano y su exina es rugulada o rugulado-perforada. (HT-FBP-69).

Hypericum laricifolium Juss (Hypericaceae; Chite o guardarocio): Arbusto de hojas lineares, plantas de hojas linares simples y ferrugíneas, sin estipulas, exudado anaranjado, yemas en espada y corteza escamosa. Sus flores son pentámeras, pequeñas y vistosas color amarillo. El grano de polen es elíptico, trizonocolporado, isopolar, con simetría radial, de tamaño pequeño a mediano y exina es perforada a finamente reticulada. (HT-FBP-85); palinoteca de referencia (CP-UT-34)

Hypericum mexicanum L.f. (Hypericaceae; Chite o guardarocio): Herbácea suculenta y postrada de hojas con la vaina foliar bien diferenciada; su inflorescencia esta subtenida por una bráctea grande y vistosa, espatácea, el pedúnculo bifurcado en el interior de la bráctea, flores estaminadas, la rama superior con numerosas flores todas hermafroditas, irregulares, cáliz con tres sépalos subyúgales, la corola presenta tres pétalos de color azul. El grano de polen es elíptico a prolato, trizonocolporado, isopolar, con simetría radial, de tamaño pequeño a mediano y exina es perforada a finamente reticulada, polos redondeados. (HT-FBP-1).

Hyptis pectinata (L.) Poit. (Lamiaceae; Mastranto): Herbácea erguida de hojas pecioladas romboideo-ovado, subtruncado en la base, de borde desigualmente crenado-aserrado, el ápice agudo o acuminado. Su inflorescencia es en racimos terminales; sus flores bisexuales son zigomorfas; de cáliz gamosépalo, con sépalos vellosos. El fruto es una núcula. El grano de polen es esferoidal, de vista polar hexacolpada; la exina es semitectada y reticulada a homobrachiada. (HT-FBP-53)

Salvia bogotensis Seed (Lamiaceae; Salvio): Arbusto de porte mediano de hasta 3 m de altura, de hojas simples, margen dentada, escabrosa y aromática, inflorescencia espigosa de cáliz tubular y corola tubular bilabiada con dos estambres paralelos al miembro, ovario con cuatro lóbulos, estilo largo y bífido, fruto en 4 nuececillas unidas en la base. El grano de polen es esferoidal, multicolpado; la exina es semitectada y reticulada a homobrachiada. Retículos formados por báculos. (HT-FBP-4).

Ocotea callophylla Mex. (Lauraceae; Susque laurel): Arboles o arbustos. Hojas alternas o raramente subopuestas, inflorescencia subterminales o axilares paniculadas, flores en panículas, poligamodioicas o bisexuales Tépalos (Sépalos y pétalos sin diferenciación) delgados, membranosos y gruesos; frutos en baya globosa. Polen de simetría, apolar, esferoidal e inaperturado. Exina muy reducida, que consta de sólo una fina capa. Exina de superficie espinulosa poco densa; espínulas mono o heteromórficas. Registrada en la zona, sin colecta de anteras.

Gaiadendron punctatum (Ruiz & Pav.) G. Don (Loranthaceae; Tagua): Árbol de hasta 15 m., parásitos de raíces de otras plantas, hojas opuestas, inflorescencia racimosas, axilares, compuestas por triadas; flores de 6 a 7 pétalos en la antesis; hojas y partes terminales con puntos glandulares, amarillentos u oscuros. Flores anaranjadas y follaje rojizo. Polen trilobado, triporado, peroblado apolar asimétrico radialmente tricolpado, exina tectada con mesocolpio, sexina granulada y ámbito triangular.

Bucquetia glutinosa D. C. (Melastomataceae; Chispeador): Arbusto de 4 m, las hojas son elípticas, enteras, curvinervias, alternas, recubiertas por una substancia viscosa, corteza acanalada exfoliable. De hojas y flores pequeñas. Su inflorescencia en panícula terminal, flores con la corola de cuatro pétalos grandes de color violeta a rosado, pedicelos muy largos y un par de brácteas cóncavas. Planta no colectada.

Figura 17. Especies representativas de las familias Elaeocarpaceae, Ericaceae y Euphorbiaceae.

Vallea estipularis (Raque)

Bejaria resinosa (Pega pega)

Gaultheria sclerophylla
(Uvito de páramo)

Macleania rupestris (Comadera)

Pernettya prostrata
(Reventadera)

Croton sp. (Drago)

Brachyotum sp. (Melastomataceae; Almorrana): Arbustos que miden hasta 1.5 m de alto, con pelos blancos gruesos en toda la planta. Hojas lanceoladas, opuestas, pequeñas y rígidas, glabras y cubiertas de tricomas; tienen 3 venas principales que salen de la base. Ramas más o menos cuadrangulares. Las flores son bisexuales, tetrámeras o pentámeras, péndulas, solitarias. Grano de polen heterocolpados, 3 colporos y 3 colpos; endoabertura lalongada elíptica a rectangular. Ámbito triangular; prolato esferoidales. Exina psilado-escabrada, delgada; báculos no visibles. (HT-FBP-86); palinoteca de referencia (CP-UT-52).

Miconia salicifolia (Bonpl. ex Naudin) (Melastomataceae; Romero): Arbustos de 1 a 4 m, con forma columnar, tallos densamente ramificados; los tallos, la cara inferior de las hojas ferruginosa, flores pubescentes de color amarillento a café-rojizo. Las hojas son opuestas, de hasta 5 cm de largo, lanceoladas y estrechos, los bordes enrollados hacia abajo. Inflorescencia de 1 a 2 cm de largo, con pocas flores. Fruto azuloso a morado. Granos de polen tricolpados oriferos u oroidiferos y 3 pseudocolpos; esferoidales-prolatos. Sexina tan gruesa como nexina o ligeramente, patrón oscuro. (HT-FBP-86); palinoteca de referencia (CP-UT-45).

Miconia squamulosa Smith Triana (Melastomataceae; Tunacon): Arbusto con follaje verde grisáceo, hojas opuestas, de haz verde oscuro y envés carmelito, de nervación curvada. Las flores agrupadas y de color blancas; los frutos son bayas redondas de color verde esmeralda. El grano de polen es subprolado, de tamaño pequeño, de color amarillo, agrupación mónade, heterocolpado; psilado, de simetría isopolar, radiosimétrico. La exina es fina, vista polar es circular y la vista ecuatorial es elíptica y alargada. (HT-FBP-6), (HT-FBP-8); palinoteca de referencia (CP-UT-8).

Miconia theaezans (Bonpl) Congn (Melastomataceae; Danto, Niguito): Arbusto de hojas simples, opuestas, lanceoladas, base atenuada, ápice acuminado y con dos nervaduras laterales. Inflorescencias en panículas terminales. De flores bisexuales, actinomorfas, color verde; cáliz es gamosépalo, con cinco sépalos; corola es dialipétala. Grano de polen es subprolado, tamaño pequeño, de color amarillo, agrupación mónade, heterocolpado; psilado, simetría isopolar, radiosimétrico. Colpos en número de seis en posición meridional; también posee colpos cortos y delgados con terminaciones agudas.

Miconia sp. (Melastomataceae; Tuno, Niguito): Arbusto de hojas simples, opuestas sin estípulas, con varias venas que se extienden arqueados desde la base hasta el ápice de la hoja. Inflorescencias son en panícula, flores regulares, fruto en baya. El grano de polen es subpro es de menos de 6 cm lado, de tamaño pequeño, de color amarillo, agrupación mónade, heterocolpado; psilado, de simetría isopolar, radiosimétrico. Colpos en número de seis en posición meridional. (HT-FBP-36). Placa palinológica (CP-UT-32).

Figura 18. Especies representativas de las familias Fabaceae y Flacourtiaceae.

Acacia decurrens (Acacio japonés)

Acacia melanoxylum (Acacio negro)

Cytisus monspessulanus (Retamo)

Lupinus bogotensis
(Chocho)

Trifolium repens
(Trébol carretón)

Xylosma espiculiferum
(Espino corono)

Fuente: Autor.

Fuente: Autor.

Monochaetum myrtoideum (Bonpl) Naudin. (Melastomataceae; Angelita): Arbusto ramificado desde la base, hojas persistentes que se colorean de rojo vivo antes de caer, son simples, opuestas, pequeñas, dispuestas en forma de cruz, de borde entero, forma elíptica y con la nerviación curvinervia. Sus inflorescencias en panículas terminales, con flores de pétalos de color rosado a lila y los estambres amarillos; sus frutos son en capsulas dehiscentes. Granos de polen dotados generalmente con 3 colpos oriferos u oroidiferos y 3 pseudocolpos; esferoidales prolatos. Sexina tan gruesa como nexina. Heteroestefanocolporado, Ámbito circular prolado. (HT-FBP-38); palinoteca de referencia (CP-UT-10).

Tibouchina grossa (L.f.) Cogn (Melastomataceae; Siete cueros): Arbusto de hojas simples opuestas, blandas a cartáceas, curvinervias, elípticas a ovadas; haz opaco con tomento corto o glabrescente, envés claro con tomento largo denso, curvado ascendentemente. Flores grandes (5–7 cm), colores rojo oscuro a vinotinto, abiertos de pétalos contortos obovados. Frutos en forma de cápsulas. Grano de polen de ámbito circular-hexalobulado; oblato-esferoidales. Aberturas largas; heterocolpados, 3 colporos y 3 colpos. Exina escabrada; sexina gruesa, nexina fina y báculos no visibles. Planta no colectada.

Morella parvifolia Willdenow (Myricaceae; Laurel hojipequeño): Arbusto de 3 a 4m de hojas son simples, elípticas, alternas, de ápice agudo, la base cuneada, de margen aserrada y con glándulas resinosas en forma de pequeños puntos de un color aureo; haz opaca, el nervio central de coloración amarillento y de peciolo pubescente. Las inflorescencias axilares en amentos, sus flores unisexuales, estaminadas sin perianto. Polen subobalto, Vista polar semiangular, sexina de mayor espesor que nexina, tectada, psilada, escabrosa en los áspides. Triporado: polos más o menos circulares. (HT-FBP-45).

Myrcine ferruginea Mez (Myrsinaceae; Chaguelito): Árbol de hojas simples, alternas, tienen forma oblonga elíptica y son coriáceas, de color siempre verde, indumento ferruginoso y su yema terminal es parecida a una espada. Su inflorescencia en forma de glomérulos axilares distribuidos a lo largo de las ramas y están sostenidas por varias brácteas, sus flores pequeñas, de color crema. Los frutos son en drupas. Planta no colectada.

Myrcia sp. (Myrtaceae; Arrayan): Árbol de hojas simples, opuestas, se encuentran dispuestas en forma de cruz, su borde es entero, elíptico, su base es redondeada, su nerviación es penninervada y posee puntos translúcidos. Sus inflorescencias son en panículas; con pétalos y numerosos estambres de color blanco. El grano de polen es esferoidal, pequeño, la agrupación mónade, tetra o trizonocolporado; escabrado, de simetría isopolar, radiosimétrico. Área polar pequeña.

Myrcianthes leucoxyla Mc. Vaugh (Myrtaceae; Arrayan): Árbol de 5m de altura, de espeso follaje, de color verde oscuro y brillante; sus hojas son sésiles, quebradizas, el borde entero y la nerviación poco marcada. Las inflorescencias axilares, en dicasio, con dos a cuatro flores de coloración blancas; el cáliz consta de cuatro lóbulos redondeado e imbricados; la corola con cuatro pétalos blancos. Grano de polen triangular a subtriangular en vista polar. Radiosimétrico, isopolar, tricolporado psilado y abertura en los ángulos.

Passiflora sp. (Passifloraceae; Curuba de monte): Bejuco con glándulas apicales que segregan una sustancia viscosa; de hojas alternas, ovadas, con dos lóbulos laterales cortos, base cordada y ápice agudo pubescente. Flores pedunculadas, el cáliz con sépalos oblongos de coloración blanca en la parte superior y verde pálido en la inferior. Polen supoblato de vista polar circular, sexina dos o tres veces de mayor espesor que nexina. Semitectada, perreticulada, simplibaculado con lúmenes bastante amplios y hexacolpado. (HT-FBP-87); palinoteca de referencia (CP-UT-55).

Muehlenbeckia tamnifolia (Kuntz) Meisn (Polygonaceae; Bejuco coronillo): Bejucos, monoicos, glabros. Tallos sin alas, hojas simples, alternas, helicoidales, nerviación broquidódroma, estípulas ócreas o tubulares; a menudo café rojizas, sin exudado. Inflorescencia racemosa o cimosa, axilar, perianto pentalobado. Estambres en número de 9 rojos, connatos en la base en un disco. Estigmas lobados o fimbriados. Fruto negro cariópside. Polen tiene un patrón de ectexina escasamente punteada. Prolado, circular en vista polar, endoapertura bien definida, reticulado, tricolporado y endoaperturas variables. (HT-FBP-27).

Rumex obtusifolius L. crispus (Polygonaceae; Lengua de vaca): Planta herbácea, de hojas alternas, con estípulas membranosas envainadas. De inflorescencia en panícula, terminal, de flores pequeñas, regulares, de coloraciones verdes a café densamente dispuestas en grupos, hermafroditas. El fruto es en aquenio. Planta no colectada.

Monnina aestuans (L. f.) DC (Polygalaceae; Guaguito o Tintillo): Arbusto hasta de 2m, de hojas alternas, elípticas a lanceoladas, con inflorescencia axilar o terminal. Las flores presentan cinco pétalos colocados irregularmente, dos son superiores y dos son laterales, el otro es inferior. Tres de los pétalos y un número igual de sépalos son de color azul o purpura. Grano de polen es prolado esferoidal mediano a grande, amarillo, mónade, polizonocolporado, en número de doce, psilado, simetría isopolar radiosimétrico; palinoteca de referencia (CP-UT-41).

Fuente: Autor.

Hesperomeles goudotiana Killip (Rosaceae; Mortiño): Arbusto de follaje verde brillante, de hojas simples, alterno, rígido, limbo redondo, de borde aserrado, base acorazonada y su ápice tiene forma de punta roma, con nerviación marcada y textura cartácea. Inflorescencias en racimos cortos, ejes de color ferrugíneo. Se distingue de *H. heterophylla* por la marcada variación de sus hojas, esta última en el mismo individuo. Grano de polen subprolato, triangular. Aberturas largas; tricolporados; colpos constrictos centralmente y con márgenes; ésta se adelgaza a nivel de constricción o desaparece, endoabertura lalongada elíptica. La exina es escabrada. (HT-FBP-28).

Prunus serótina Ehrh (Rosaceae; Cerezo): Árbol de follaje verde claro de poca densidad, las hojas son simples, alternas, la lámina es oblonga, de borde aserrado y largamente peciolado. La inflorescencia es un racimo. Los frutos son en drupa redondos, rojos y carnosos. El grano de polen trizocolporado, isopolar, con simetría radial; en visión ecuatorial, elíptica; en visión polar, circular. De tamaño mediano. Ectoapertutras de tipo colpo, subterminales. La exina es estriada. (HT-FBP-55).

Rubus floribundus H.B.K (Rosaceae; Zarsa mora): Arbusto espinoso de abundante ramificación, rastrera; raíz axonomorfa, de hojas compuestas, trifoliadas, de márgenes aserradas y ásperas, de ápice agudo. Su inflorescencia es en racimos de coloración blanca o rosada. Grano de polen subprolato, de color amarillo, de tamaño mediano, agrupación mónade, trizonocolporado de escultura escarbado, isopolar, radiosimétrico. Exina fina, colpo largo y delgados; poro en forma transversal. La vista polar es circular, y su vista ecuatorial es elíptica. (HT-FBP-32); palinoteca de referencia (CP-UT-56).

Palicourea sp. (Rubiaceae; Aguadulce): Arbusto de hojas elípticas, ápice agudo, inflorescencia corta de color 68óle. El carácter distintivo de este género es la corola tubular ensanchada en la base, con un anillo piloso en la parte superior del ensanchamiento. Grano de polen mónade, apolar, asimétrico, Inaperturado de ámbito circular y esferoidal. Exina muy fina, tectada, perforada y algunas veces columnelas visibles. (HT-FBP-11); palinoteca de referencia (CP-UT-48).

Arcytophyllum muticum (Wedd.) Srandl. (Rubiaceae; Huesito de paramo): Hierbas con apariencia de musgo; los tallos son rastreros, algo leñosos. Las hojas son opuestas, lanceoladas pequeñas. Las flores son solitarias, de hasta 5 mm de largo, blancas o teñidas con lila o rosado, tienen un tubo corto con 4 lóbulos triangulares. Grano de 68ólen mónade, isopolar radiosimétrico, tetraestefanocolporado o tricoporado, lalongado dando aparencia de zonorado. Forma prolado-esferoidal; exina fina reticulada.

Dodonea viscosa (L) Jacq. (Sapindaceae; Hayuelo): Arbusto de follaje verde claro, resinoso, de ramas angulosas y rojizas, de hojas oblongas a lineares, alternas, de borde entero y la nervación poco marcada, glabras y de peciolo corto. Sus flores son pequeñas anaranjadas, apétalas. Los frutos son en cápsulas ovoides rojizos, con cuatro prominentes aletas verticales. Granos de polen de forma esferoidal; vista polar circular; sexina y nexina de igual espesor. Semitectada, ligeramente microrreticulada. Tricolporado, colpos con membranas escabrosas. (HT-FBP-44); palinoteca de referencia (CP-UT-1).

Castilleja fissifolia L.f. (Scrophulariaceae; Castilleja): Herbácea erguida de 25cm de altura, con pelos septados glandulares. De tallos delgados, frágiles y de coloración morada hacia la base; lámina lanceolada, la margen entera y de ápice agudo u obtuso. Brácteas enteras de coloración rojas. El cáliz es verde en la base, con la margen de la hendidura amarilla. El grano de polen es mónada, isopolar, radiosimétrico; abertura tricolpoidado; colpo no bien definido. Margen presente. Forma en ámbito circular, subprolado. La exina es fina. (HT-FBP-78).

Brugmansia arbórea (L.) Lagerh (Solanaceae; Borrachero): Arbusto que alcanza los 5m de hojas alternas, ovadas o elípticas y grandes. Las flores axilares, solitarias, colgantes, estas son muy grandes, con el cáliz de color verde, irregular y la corola blanca, en forma de campana con el limbo ampliamente extendido y terminando en cinco puntas largas. El fruto es una capsula de color verde. El grano de polen es subprolado, de pequeño tamaño, de color amarillo, agrupación mónade, trizonocolporado, de escultura psilado, radio simétrico. La exina es muy fina. Con tres colporos. (HT-FBP-50); palinoteca de referencia (CP-UT-48).

Citharexylum fruticosum L. (Cajeto; Verbenaceae): Arbusto ramificado, con hojas medianas de color vede ferruginoso; de flores en espigas alargadas de pedúnculo largo, pequeñas, blancas sin bractéolas. Los frutos en drupas verdes, apretadas. Grano polínico esferoidal mediano. Vista polar circular; exina de 1.6 µm de grosor, sexina ligeramente de mayor espesor de nexina, tectada, puntitegilada. Tricolporado: colpos delgados y cortos, colpos transversales.

Duranta mutisii V. Hay (Verbenaceae; Espino o garbancillo): Árbol espinoso de hojas simples, pequeñas, opuestas de margen entero, de textura ligeramente escábrida, nervios pronunciados, glabras, de ápice agudo y la base es cuneada. Sus inflorescencias en racimos axilares; de flores de color azul blancuzco y tubular. Grano de polen es suboblato. Vista polar circular. Tectada y psilada. Tricolporado, colpos con membranas lisas y colpos transversales. (HT-FBP-3).

Drimys granatensis L. F. (Winteraceae; Canelo o Ají de monte): Árbol que alcanza los 20 m de altura y 0.4 m de diámetro. La parte aérea es picante y aromática. Hojas simples, alternas, borde entero, verde oscuras, envés blanco y coriáceo. Flores de estambre numerosos de color amarillo dispuestos en umbelas axilares. Fruto múltiple conformado por muchas bayitas. El polen forma tétrahédricas, redondeadas o triangular en vista polar. Mónadas con la superficie distal subtriangular, isodiamétrica, convexa. Exina gruesa, subtectada; perreticulada, heterobrocada. (HT-FBP-89).

Fuente: Autor.

Figura 22. Especies representativas de las familias, Sapindaceae, Scrophulariaceae, Solanaceae y Verbenaceae

Dodonea viscosa(Hayuelo)

Castilleja fissifolia (Castilleja)

Brugmansia arbórea (Borrachero)

Duranta mutisii (Espino garbancillo)

Fuente: Autor.

Los bosques de cliserie que comprende la zona de estudio, es una valiosa fuente de recursos de sustentabilidad para la colmena, estos entornos mantienen gran diversidad vegetal y animal, cuyo equilibrio es fundamental para mantenerse en el tiempo, en este contexto la determinación florística se enmarca en potencializar económicamente entornos y darle un valor agregado al polen apícola a través de la denominación de origen, esto puede definir un criterio de calidad sobre sus propiedades sensoriales y fisicoquímicas y generar respuesta a la tendencia del mercado actual consolidando alternativas de producción agroalimentaria y sostenible vinculados a este sector productivo de las abejas y la apicultura. La relaciones biogeográficas de las especies botánicas descritas para los municipios de Belén y Cerinza en la que se deriva una relación planta insecto con flujos importantes de polen y néctar para el sostenimiento de *Apis mellífera* es como sigue en la cuadro 5.

Cuadro 5. Principales especies asociados a las zonas biogeográficas de Belén y Cerinza usadas por *Apis mellifera* para su alimentación y sustento.

Familia	Nombre científico	p-SA	bh-M	bmh-M	bs-MB	bh-MB	bmh-MB	bh-PM	bh-T	Cerinza	Belén
Agavaceae	*Agave americana* L.				●					●	
Adoxaceae	*Sambucus nigra*					●	●	●			●
Adoxaceae	*Viburnum triphyllum*		●		●	●	●			●	●
Apiaceae	*Niphogetum ternata*				●					●	
Aquifolioaceae	*Ilex sp*		●	●		●	●			●	●
Araliaceae	*Orepanax floribundum*		●		●	●	●			●	●
Asteraceae	*Acmella sp*		●	●							●
Asteraceae	*Ageratina theaefolia*			●	●	●					●
Asteraceae	*Ageratina* asclepiadea				●	●					●
Asteraceae	*Ageratina* popayanencis		●	●						●	●
Asteraceae	*Ageratina tinifolia*					●	●	●		●	●
Asteraceae	*Ageratina sp*					●	●			●	●
Asteraceae	*Baccharis boyacensis*				●	●	●				●
Asteraceae	*Baccharis bogotensis*				●	●	●			●	●
Asteraceae	*Baccharis latifolia*		●	●	●	●				●	●
Asteraceae	*Baccharis macrantha*					●	●	●			●
Asteraceae	*Baccharis tricuneata*	●	●	●	●						●
Asteraceae	*Baccharis sp*					●	●	●		●	●
Asteraceae	*Bidens sp*		●	●	●	●				●	●
Asteraceae	*Bidens rubifolia*		●	●	●	●					●
Asteraceae	*Chromolaena sp*					●	●			●	●
Asteraceae	*Conyza bonariensis*		●	●	●	●	●	●	●	●	
Asteraceae	*Critoniopsis paradoxa*					●	●			●	
Asteraceae	*Diplostephium antioquense*	●	●	●							●
Asteraceae	*Espeletiopsis muiska*	●	●	●							●
Asteraceae	*Hipochaeris radicata*					●	●			●	
Asteraceae	*Gnaphalium elegans*				●	●	●	●		●	
Asteraceae	*Gnaphalium* sp.				●	●	●				●
Asteraceae	*Montanoa* sp.					●	●				●
Asteraceae	*Oyedaea* sp.					●	●	●		●	●
Asteraceae	*Pentacalia pulchella*				●						●
Asteraceae	*Pentacalia vaccinioides*				●						●
Asteraceae	*Senecio formosus*	●			●						●
Asteraceae	*Smallanthus pyramidalis*		●		●						●
Asteraceae	*Taraxacum officinale*			●		●	●	●	●	●	●

Cuadro 5. (Continuación). Principales especies asociados a las zonas biogeográficas de Belén y Cerinza usadas por *Apis mellífera* para su alimentación y sustento.

Familia	Nombre científico	p-SA	bh-M	bmh-M	bs-MB	bh-MB	bmh-MB	bh-PM	bh-T	Cerinza	Belén
Betulaceae	*Alnus acuminata*		•		•	•	•	•		•	•
Borraginaceae	*Cordia lanata*				•	•	•			•	•
Brassicaceae	*Raphanus* sp.				•	•				•	
Bromeliaceae	*Puya* sp.	•		•							•
Campanulaceae	*Syphocampylus paramicola*		•	•						•	
Clethraceae	*Clethra fimbriata*			•							•
Clusiaceae	*Clusia multiflora*			•	•	•	•				•
Commelinaceae	*Commelina sp*									•	
Crassulaaceae	*Bryophyllum* pinnatum				•	•	•			•	
Cucurbitaceae	*Cucurbita pepo*				•	•	•				•
Cunnoniaceae	*Weinmannia tomentosa*			•	•	•	•			•	•
Cyperaceae	*Rhynchonspora nervosa*				•	•	•			•	•
Elaeocarpaceae	*Vallea estipularis*		•	•	•	•	•			•	•
Ericaceae	*Bejaria resinosa*	•	•	•		•	•			•	•
	Bejaria aestuans		•	•	•						•
	Bejaria sp.		•	•							•
	Cavendishia bracteata				•	•	•				•
	Cavendishia pubescens		•			•	•			•	•
	Disterigma sp		•	•							•
	Gaylusaccia buxifolia		•	•							•
	Gaultheria esclerophylla		•	•							•
	Gaultheria anastomosans		•	•							•
	Macleania rupestris		•	•	•	•	•			•	•
	Pernettya prostrata	•	•	•							•
	Plutarchia guascensis		•	•							•
	Vaccinium floribundum	•	•	•							•
Escalloniaceae	*Escallonia myrtilloides*		•		•						•
	Escallonia paniculata		•	•	•	•	•			•	•
Euphorbiaceae	*Croton* sp.		•		•	•	•			•	•

Cuadro 5. (Continuación). Principales especies asociados a las zonas biogeográficas de Belén y Cerinza usadas por *Apis mellífera* para su alimentación y sustento

Familia	Nombre científico	p-SA	bh-M	bmh-M	bs-MB	bh-MB	bmh-MB	bh-PM	bh-T	Cerinza	Belén
Fabaceae	*Acacia decurrens*		•	•	•	•					•
	Acacia melanoxylum				•	•	•				•
	Cytisus monspesulanus		•	•	•	•				•	•
	Lupinus bogotensis		•	•		•	•				•
	Trifolium repens L		•	•	•	•	•	•		•	•
Flacourtiaceae	*Xylosma spiculiferum*		•	•	•	•				•	
Hypericaceae	*Hypericum laricifolium*	•	•	•						•	•
	Hypericum mexicanum		•	•	•						•
Lamiaceae	*Hyptis pectinata*					•	•			•	•
	Salvia bogotensis		•	•						•	•
Lauraceae	*Ocotea calophylla*						•	•			
Loranthaceae	*Aetanthus holtonii*		•	•							•
	Gaiadendron punctatum		•	•	•	•	•			•	•
Melastomataceae	*Brachyotum* sp.		•	•							•
	Bucquetia glutinosa		•	•							•
	Miconia squamulosa		•	•		•	•			•	•
	Miconia theaezans		•	•	•						•
	Miconia salicifolia		•								•
	Miconia sp.		•	•	•	•				•	•
	Monochaetum myrtoideum		•		•	•	•			•	•
	Tibouchina grossa		•	•							•
Myrcinaceae	*Myrsine ferruginea*		•	•				•			•
	Myrsine guianensis		•	•						•	
Myricaceae	*Morella parvifolia*	•	•		•	•				•	•
Myrtaceae	*Myrcia* sp.				•	•		•			•
	Myrcianthes leucoxyla		•	•	•	•	•			•	•
Passifloraceae	*Passiflora* sp.				•	•	•			•	
Polygalaceae	*Monnina aestuans*		•			•	•				•
Polygonaceae	*Muehlenbeckia tamnifolia*		•	•	•	•	•			•	•
	Rumex obtusifolius		•	•	•	•					•

Cuadro 5. (Continuación).

Familia	Nombre científico	p-SA	bh-M	bmh-M	bs-MB	bh-MB	bmh-MB	bh-PM	bh-T	Cerinza	Belén
Rosaceae	*Prunus serotina*				•	•	•			•	
	Rubus floribundus				•	•	•			•	•
	Hesperomeles goudotiana		•	•	•	•	•				•
	Hesperomeles heterophylla		•	•	•	•	•			•	•
Rubiaceae	*Arcytophyllum muticum*	•	•	•							•
	Palicourea sp.		•			•	•			•	•
Sapindaceae	*Dodonea viscosa*					•	•			•	•
Scrophulariaceae	*Castilleja fissifolia*	•	•	•							•
Solanaceae	*Brugmansia arbórea*					•	•			•	
Verbenaceae	*Citharexylum fruticosum*		•	•							•
	Duranta mutisii		•			•	•			•	•
	Lantana boyacana					•	•				•
	Lippia hirsuta		•	•	•					•	•
Winteraceae	*Drimys granatensis*		•	•				•		•	

Apis mellífera utiliza una gran cantidad de recursos florales como fuente de polen y néctar y la utilización de cada recurso se da en proporciones según la predominancia de recursos y temporadas apícolas, para la zona de Belén se registra 82 especies mientras que en Cerinza 45 y del total inventariado el 36.08 % (35 especies) son sustento en común para *Apis mellífera* L. Entre las especies predominantes de la franja Andina baja y alta se encuentra *Hypericum laricifolium*, *Miconia* sp., *Baccharis macrantha* y *Duranta mutissi*, *Hesperomeles goudotiana Myrcianthes leucoxyla*, *Vallea estipularis* entre otras. Entre las especies típicas que se limitan a climas de subpáramo a páramo comprendido en el área de Belén se encuentra *Arcitophyllum* sp., *Baccharis tricuneata*, *Castilleja* sp., *Espeletia* sp, *Ageratina asclepiadea*, *Gaultheria anastomosans*, *Pernettya prostrata*, y *Puya* sp. principalmente. Estas observaciones sienta bases para determinar similitudes y diferencias de disponibilidad temporal de las comunidades vegetales apícolas, al mismo tiempo permitirá establecer preferencias específicas, contribuyendo así a una optimización de las proyectos apícolas a través de selección de áreas estratégicas propendiendo su uso adecuado. Dentro del análisis de la flora predominante se destaca su valor apícola y periodos de floración, (cuadro 6).

Para la región paramuna la franja con mayor expresión de la riqueza es la transición altoandino-subpáramo, con 115 familias, en al cual disminuye en la medida en que se progresa en altitud (Rangel, 2000), en esta franja se combina factores dominantes de precipitación, temperatura, humedad relativa que influye marcadamente en la fertilidad, estructura favorable del suelo y su dinámica de agua, (Van der Hammen, 2000), por lo tanto si estas condiciones son favorables se mantiene absorción adecuada de agua y con junto con vientos e luminosidad optima se incrementa la fotosíntesis, se estimula la actividad de pecoreo de la abeja, la floración y por lo tanto los flujos de néctar y polen, de aquí los fundamentos para establecer nuevas zonas de producción.

En cuanto a la gestión económico apícola los productores deben observar la oferta de recursos, cuantificar y reconocer estas fuentes considerando su fenología o ritmo de floración; respecto a este factor podemos agrupar las plantas de las zonas de estudio en tres bloques, las de estimulación, sostenimiento y las de excedentes de producción; en el primero la colonia responden de manera activa de acuerdo a la evolución floral para extender los nidos de cría y asegurar el sustento por aporte de néctar y polen, considerando además que no conocen la realidad del ecosistema en que están insertas, con estas floraciones empieza el ciclo reproductivo, sin embargo dentro de las especies florales hay varias en la que su aporte alimenticio es poco y la colonia debe contar con reservas internas; en cuanto a las demás especies vegetales su aporte de polen puede ser significativo y en algunos casos se pueden cosechar, entre las especies se destaca Asteraceae (*Baccharis macrantha, Diplostephium antioquense, Pentacalia vaccinioides)*, Fabaceae (*Cytissus monspessulanus*), Ericaceae (*Bejaria resinosa, Macleania rupestris, Pernettya prostrata, Gaultheria anastomosans*), Escalloniaceae (*Escallonia* sp.), Myrtaceae (*Myrcianthes leucoxyla)*, Melastomataceae (*Miconia squamulosa, Miconia theaezans*), Polygonaceae (*Muehlenbeckia tamnifolia*), Verbenaceae (*Citharexylum fruticosum*), principalmente. Estas especies se caracterizan por patrones de floración cortas (de dos a tres meses, floraciones densas) con dos a tres periodos anuales.

Cuando una planta pasa del estado vegetativo al reproductivo, produce una gran emanación de sustancias volátiles, proceso denominado estallido de olor, de este factor, se resalta que las preferencias de *Apis mellífera* basadas en el aprendizaje de olores bajo diferentes situaciones experimentales muestra que las recolectoras de polen tienen fuerte preferencia por olores de polen fresco incluso mayor desempeño con ciertas cargas polínicas, lo que proporciona un nuevo contexto sobre la selectividad floral de las abejas, (Arenas, & Farina 2011), lo que posiblemente podría explicar la poca frecuencia de visita hacia algunos especies y por el contrario la frecuencia hacia especies de la Familia Asteraceae, Lamiaceae, Ericaceae que presentas olores fragantes. Al finalizar este periodo de estimulación las colonias alcanzan un alto desarrollo reproductivo; cuando cesa este periodo la colonia forrajea fuentes de nutrientes esenciales y energía propio del bloque de sostenimiento, caracterizado por especies herbáceas con amplio suministro de polen, como se reporta en el estudio Montoya, (2011), entre estas *Taraxacum officinale, Trifolium repens, Gnaphalium* sp., *Hipochaeris radicata*, este último con mayor predomino en Cerinza y las especies arbustivas *Baccharis* sp., *Baccharis latifolia* y *Critoniopsis paradoxa* principalmente para mantener reservas importantes de polen y propiciar cosechas.

Cuadro 6. Calendario floral y aporte nectaro-poliníferos de las especies botánicas del sistema de bosque de cliserie de la zona altoandina de Boyacá.

Familia (Especie)	E	F	M	A	M	J	J	A	S	O	N	D	Fuente
Agavaceae													
Agave sp.				•	•	•	•	•	•	•	•		NP
Adoxaceae													
Sambucus nigra				•	•	•			•	•		•	P
Viburnum tinoides					•	•	•		•	•	•		P
Apiaceae													
Niphogetum ternata	•	•	•					•	•	•	•	•	NP
Araliaceae													
Oreopanax floribundum									•	•	•		NP
Asteraceae													
Ageratina sp	•			•	•	•				•	•	•	P
Baccharis macrantha	•	•					•	•	•	•	•	•	NP
Baccharis latifolia	•	•	•	•			•	•	•	•	•	•	P
Baccharis tricuneata	•	•	•						•	•	•	•	NP
Bidens sp.	•	•	•	•	•	•	•	•	•	•	•	•	P
Chromolanea sp.	•			•	•				•	•	•	•	P
Diplostephium antioquense			•	•	•				•	•	•		P
Espeletiopsis muiska			•	•	•	•			•	•	•		NP
Gnaphalium sp.	•			•	•	•			•	•	•	•	P
Hypochaeris radicata	•	•	•	•	•	•	•	•	•	•	•	•	P
Pentacalia vaccionoides	•			•		•	•		•	•	•	•	NP
Montanoa sp.							•	•	•	•	•		NP
Senecio formosus	•	•				•	•			•	•	•	NP
Taraxacum officinale	•	•	•	•	•	•	•	•	•	•	•	•	NP
Betulaceae													
Alnus acuminata				•	•	•	•	•	•	•	•	•	NPR
Cyperaceae													
Rynchospora nervosa	•	•	•	•	•	•	•	•	•	•	•	•	NP
Borraginaceae													
Cordia archeri						•	•	•					P
Bromeliaceae													
Puya sp.			•	•	•	•	•						P
Clethraceae													
Clethra sp.				•	•	•	•	•					P
Clusiaceae													
Clusia multiflora									•	•	•	•	P

Cuadro 6. (Continuación).

Familia (Especie)	Meses												Fuente
	E	F	M	A	M	J	J	A	S	O	N	D	
Cunnoniaceae													
Weinmannia pubescens			•	•	•				•	•	•	•	NP
Elaeocarpaceae													
Vallea stipularis			•	•	•	•	•						NP
Euphorbiaceae													
Croton sp.							•	•	•	•	•	•	NP
Ericaceae													
Cavendishia pubescens							•	•	•	•	•	•	NP
Macleania rupestris		•	•	•	•	•			•	•	•		NP
Bejaria resinosa	•				•	•	•				•	•	NP
Pernettya prostrata		•			•	•							P
Gaultheria anastomosans	•					•	•				•	•	NP
Gaultheria sclerophylla	•					•	•				•	•	NP
Fabaceae													
Acacia decurrens	•	•									•	•	NP
Cytissus monspesulanus						•	•	•					NP
Lupinus bogotensis	•			•	•	•					•	•	NP
Trifolium repens	•	•	•	•	•	•			•	•	•	•	NP
Flacourtiaceae													
Xylosma spiculiferum					•	•	•	•					P
Hypericaceae													
Hypericum mexicanum	•	•								•	•	•	NP
Hypericum laricifolium	•									•	•	•	NP
Lamiaceae													
Salvia bogotensis	•									•	•	•	NP
Lauraceae													
Ocotea calophylla				•	•	•							P
Loranthaceae													
Aetanthus holtonii							•	•	•	•	•		NP
Gaiadendron punctatum	•	•									•	•	NP
Melastomataceae													
Bucquetia glutinosa	•	•									•	•	NP
Miconia squamulosa	•			•	•	•				•	•	•	P
Miconia theaezans	•									•	•	•	NP
Miconia sp.				•	•	•							P
Monochaetum myrtoideum	•				•	•	•			•	•	•	P
Tibochina grossa	•									•	•	•	P

Cuadro 6. (Continuación).

Familia (Especie)	E	F	M	A	M	J	J	A	S	O	N	D	Fuente
Meliaceae													
Cedrela montana	•	•						•	•	•	•	•	NP
Myricaceae													
Morella parvifolia			•	•	•				•	•	•		NPR
Myrsinaceae													
Myrcine ferruginea									•	•	•	•	NPR
Passifloraceae													
Passiflora sp.	•	•	•	•			•	•	•	•	•		P
Myrtaceae													
Myrcianthes leucoxyla		•	•	•	•				•	•	•		NP
Polygalaceae													
Monnina aestuans	•					•	•				•	•	NP
Polygonaceae													
Rumex obtusifolius	•	•	•	•	•	•			•	•	•	•	NP
Muehlencbeckia tamnifolia							•	•			•	•	P
Rosaceae													
Hesperomeles goudotiana				•	•		•		•	•	•		NP
Prunus serotina					•	•	•			•	•		P
Rubus floribundus				•	•	•			•	•	•	•	NP
Rubiaceae													
Palicourea sp.	•	•	•			•	•			•	•	•	P
Verbenaceae													
Citharexylum fruticosum	•			•	•	•						•	NP
Duranta mutisii				•	•	•				•	•	•	NP
Lippia hirsuta	•			•	•					•	•	•	NP

Después del aprovechamiento de este bloque se pone fin a la reproducción de la colonia dando paso al de producción que comprende principalmente los meses de Noviembre, Mayo, Agosto donde las abejas en sus ciclo de desarrollo y fortalecimiento están preparadas para iniciar la cosecha, en este escenario se juntan las floraciones altamente competitivas en la producción de néctar y principalmente polen; para la dos localidades se destacan Adoxaceae (*Viburnum tinoides*), Asteraceae (*Taraxacum officinale, Bidens* sp., *Bidens rubifolia*), Cunnoniaceae (*Weinmannia tomentosa*), Fabaceae (*Acacia decurrens, Acacia melanoxylon, Trifolium repens*), Melastomataceae (*Miconia* sp., *Monochaetum myrtoideum*), Myricaceae (*Morella parvifolia*), Polygonaceae (*Muehlenbeckia tamnifolia*), Sapindaceae (*Dodonea viscosa*), Myricaceae (*Morella parvifolia*), Elaeocarpaceae (*Vallea estipularis*) y Verbenaceae (*Duranta mutissi*) principalmente; estos taxones sobresalen por floraciones abundantes y densidades poblacionales media a alta suministrando recursos de manera significativa para las zonas de estudio en la que se logra un beneficio de polen apícola en orden de 48 a 52 Kg por colmena/año.

A nivel de producción apícola, el polen es una alternativa rentable y ecológica para estas zonas altoandinas, para ello se hace imperante valorar la riqueza e impulsar la investigación a través de los levantamientos florísticos y establecer el potencial apícola de estos entornos. Las floraciones cortas y extendidas de polen, influye en las temporadas apícolas y cosechas de composición variable, aquí se explicarían las distintas cargas de color polínicas con tonalidades que van desde verde, amarillo, marrón, entre otras variando incluso en un mismo apiario, esta variabilidad se ilustra en la figura 23.

Figura 23. Cargas de polen corbicular colectado en apiarios establecidos en las zonas de Belén y Cerinza.

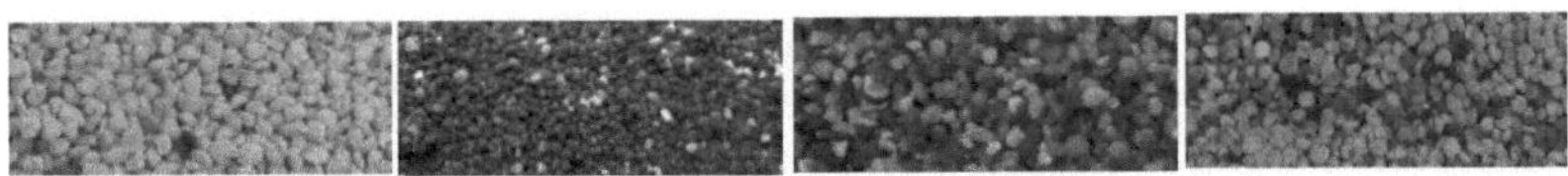

Fuente: Autor.

4.4 ATLAS POLINICO

El polen de las especies asociadas al bosque de cliserie, presentan estructuras y morfologías diversas. Algunas características polínicas de las familias colectadas en los entornos de Boyacá, muestran características específicas para cada una, para Asteraceae es un polen simple trizonocolporado, rara vez tetrazonocolporado, isopolar, con simetría radial, elíptico y/o circular, tamaño pequeño a grande exina equinolofada, equinulado-granulada o perforada; Adoxaceae, grano de polen simple, trizonocolporado, isopolar, con simetría radial, circular o elíptico, de tamaño pequeño o grande, exina es psilado-perforada y equinulada o reticulada; Hypericaceae, pólenes mónades, apolares, radiosimétricos muchas veces inaperturado, exina intectada, clavaday Melastomatacea, polen subprolato a prolato, radiosimétrico, isopolar y pequeño, circular en vista polar, tricolporado, psilado, pseudocolpos intercalados en los colporos, estratificación oscura. A través de este registro palinológico se ha estructurado el presente documento como contribución a la gestión económica del sector apícola, apoyando estudios de denominación de origen, lo que ofrecerá alternativas de producción y aprovechamiento adecuado de los recursos biológicos.Los pólenes de las especies colectadas y evaluadas después del proceso de acetólisis se recogen en el anexo B. En total 52 tipos polínicos se han incluido en la colección de la palinoteca, las muestras y placas palinológicas están dispuestas a la comunidad académica en el Herbario Toli de la Universidad del Tolima. Las relaciones dominantes de las estructuras polínicas en función de las familias representadas se recogen en el anexo D.

CONCLUSIONES

- De la flora polinífera caracterizada en los municipios de Belén y Cerinza las especies que predominan y con diferencia en ciertas especies *Alnus acuminata, Baccharis latifolia, Dodonea viscosa, Gaultheria anastomosans, Miconia* sp.*, Monochaetum myrtoideum, Pernettya prostrata y Weinmannia tomentosa, Taraxacum officinale, Trifolium repens, Duranta mutisii* principalmente y las familias mejor representadas en su orden fueron Asteraceae, Ericaceae y Melastomataceae, del total de especies registradas el 36.08 % (41 especies), correspondió al porcentaje de especies en común que suministran néctar y polen para los entornos de cliserie en los municipios de Belén y Cerinza.

- Las zonas de vida estudiadas bosque seco montano bajo (bs-MB) y el bosque húmedo montano (bh-M) se caracteriza por relieves accidentados, ondulados y pendientes suaves con asociaciones vegetales arbustivas, achaparradas con influencia de disminución de lluvias entre Julio y Septiembre y de Octubre a Enero épocas son óptimas de flujos de néctar y polen para *Weinmania pubescens, Miconia sp, Bacharis latifolia, Myrcianthes leucoxyla, Naphalium sp* entre otras.

- El registro de los recursos que suministran néctar y especialmente polen para las zonas estudiadas y el seguimiento de las variables climáticas anuales que se comprende en los resultados, se pueden establecer ecoclimatogramas conocer la dinámica de las temporadas apícolas y con ello inducir a la conducción racional de apiarios a partir de las oportunas decisiones de control de patógenos, mantenimiento técnico de las colmenas y aproximación a los periodos de predicción de la floración en nuevas zonas de producción y su aprovechamiento adecuado.

- La determinación de las especies de interés apícola que predominan en los entornos de apiarios, contribuye de manera importante al desarrollo de los sistemas apícolas productivos, permitiendo la continuidad y/o conservación de los ecosistemas, entre esta dinámica las familias botánicas abundantes que se han caracterizado para las zonas de estudio son del orden Asteraceae, Melastomataceae, Ericaceae, Elaeocarpaceae, Cunnoniaceae y Rosaceae.

- El levantamiento de un atlas polínico de referencia de la flora predomínate de los entornos de apiarios permitió relacionar las descripciones de 52 tipos polínicos a nivel de simetría, ornamentación, aperturas y medidas, destacándose principalmente de la familias Adoxaceae, Asteraceae, Fabaceae, Cunnoniaceae, Ericacea, Lamiaceae, Polygonaceae, Hypericaceae, Melastomataceae, Myricaceae.

- Este estudio permitió realizar determinar, revisar y describir la información de la flora polinífera típica de diferentes entornos de cliserie a partir de observaciones de campo, colecta de datos sobre los ritmos florales y consultas participativas con los productores apícolas para la elaboración de un documento de carácter técnico donde se destaca las características botánicas, fenológicas y valor apícola de estos recursos para ser dirigido a la comunidad local, académica y científica.

- La caracterización de la flora en entornos de cliserie ha permitido conocer el potencial económico sobre las instalaciones apícolas y propias para producción de polen principalmente, en cuyo caso establece temporadas anuales y origen botánico para contribuir a la incidencia de la actividad de *Apis mellífera* como un eje fundamental para el fortalecimiento de la apicultura Colombiana.

- El presente trabajo se ha orientado al conocimiento de la oferta de recursos florales y las temporadas apícolas en entornos andinos como uno de los principales centros de diversidad indispensables para los sistemas de explotación apícola y con ello determinar el potencial económico, darle un valor agregado a los productos que se derivan incentivando la producción sostenible y agroalimentaria de una zona biogeográficas con disponibilidad de recursos botánicos y con potencial económico en el beneficio del polen.

REFERENCIAS

Abele A. (2000). Estudio florístico de un relicto de Bosque Montano Alto ubicado al sur de la Sierra Nevada de Mérida, Venezuela. (Trabajo de grado). Licenciatura en Biología. Mérida. Venezuela.

Agrobit. (s.f.) *Apicultura: Flora Apícola.* Recuperado de http://www.agrobit.com/Info_tecnica/alternativos/apicultura/AL_0 00003ap.htm

Arbo, M. (s.f.). *Morfología de plantas vasculares: Flor.* Universidad Nacional del Nordeste. Argentina. Recuperado de http://www.biologiaedu.ar/ botanica/ tema4/44caliz.htm

Arenas, A. & Farina W. (2011). Los olores del polen pero también las claves olfativas aprendidas afectan la preferencia de las abejas recolectoras de polen. *Memorias de congreso 42 Internacional de apicultura.* (pp. 34). Buenos Aires, Argentina.

Arruda, S. (2002). Diversidade da la Flora Apícola no Estado de Santa Catarina. *Confederación Brasilera de Apicultura. Momorias de 14 Congressos Brasileiro de Apicultura.* (pp. 12). Brasil. Campo Grande.

Barbosa, C. (1992). *Contribución al conocimiento de la Florula del Parque Nacional Natural El Tuparro.* Serie de publicaciones especiales del INDERENA. Libro número 3. Bogotá. Colombia.

Bogotá, R. (2002). *El Polen de la Subclase Asteridae en el Páramo de Monserrate.* Bogotá D.C. Colombia: Universidad Distrital Francisco José de Caldas.

Borja, F. Salamanca, G., Guzmán, S. & Osorio, P. (2011) Validación de especies Botánicas de interés apícola a partir de Colección de referencia. [CD-ROM]*Memorias de 46 Congreso Nacional de Ciencias Biológicas.* ACCB. Medellín. Colombia.

Borja, F. Salamanca, G. Guzmán, S. & Osorio, P. (2009). Validación de especies Botánicas de interés apícola a partir de Colección de referencia. *Memorias de*

44 Congreso Nacional de Ciencias Biológicas. (pp. 217). ACCB. Cauca. Colombia.

Borja, F. Salamanca, G. Guzmán, S. &Osorio, P. (2008). Características polínicas de la flora apícola del municipio de San Sebastián de mariquita (Tolima). *Memorias de 43 Congreso Nacional de Ciencias Biológicas.* (pp. 228) ACCB. Yopal. Colombia.

Campos, M., Almaraz N., López, J., Anjos, O. & Stancio, O. (2011).Posible directorio internacional para el control de calidad del polen de abeja. *Memorias 42 Congreso Internacional de apicultura.* Buenos Aires. (pp. 88). Argentina.

Carretero, J. (1989). *Análisis polínico.* España: Editorial Mundi Prensa.

Castellanos, S. & Vilela, A. (1998). Anatomía foliar y morfología del polen de *Drimys granatensis* Var. Mexicana (Winteraceae: magnoliales). *Revista Polibotánica.,* 8, 1-10. Recuperado de http://www.herbarioencb.ipn.mx/ pb/pdf/pb8/Drymis %20gran adensis.pdf

Crane, E. (1990). *Bees and Beekeeping. Heinemann Newnes.*

Corporación Suna Hisca. (s.f.).*Parque ecológico distrital de montaña entre nubes. Tomo I Componente Biofísico. Vegetación.* Recuperado dehttp://www.secretariadeambiente.gov.co/sda/libreria/pdf/ecosistemas/areas_ protegidas/en_a11.pdf

Cuatrecasas, J. (1969). Prima Flora Colombiana, Astereae. MalpiWebbia, *24,* 1-335. Colombia: Firenze.

Cuesta, F. Peralvo, M. & Valarezo, N. (2009). *Los bosques montanos de los Andes tropicales.* [versión electrónica]. Recuperado de http://www.bosquesandinos. info/ECOBONA/Bosques%20montanos/Atlas%20web_Parte1.pdf

Curtis, H. Barnes, N., Schnek A. & Flores G. (2005). *Biología.* [CD- ROM]. (6ta. ed. en español). Argentina: Editorial Panamericana.

Departamento Administrativo de Planeación. (2000). *Proyectos contemplados en el esquema de ordenamiento territorial.* Alcaldía de Cerinza. Recuperado de http://cerinza-boyaca.gov.co/apc-aa-files/62666461323334383830336231346336/PROYECTOS_CONTEMPLADOS_EN_EL_EOT_CERINZA.pdf

Departamento Administrativo de Planeación. (2004). *Plan de desarrollo municipio de Belén.* Recuperado de http://belen-boyaca.gov.co/apc-aa-files/633264633633376562633733162366265/PLAN_DE_DESARROLLO_MUNICIPAL.pdf.

Díaz, S. & Cuatrecasas, J. (1999). *Asteráceas de la Flora de Colombia: Senecioneae-I, Géneros Dendrophorbium y Pentacalia.* Bogotá, Colombia.

Díaz D. (2010). Breve descripción de los recursos forestales de la república de Colombia. Memoria del taller sobre el programa de evaluación de los recursos forestales. Recuperado de http://www.fao.org/docrep/007/ad102s/AD102S06.htm#TopOfPage

Dueñas, Hilda & Roselli, Pilar. (2000) Sinopsis las Loranthaceas en Colombia, *Caldasia, 23*(1), 81-99. Recuperado de www.revista.unal.edu.co/index.php/cal/article/download/ 176 40/18458

Echeverry, R. (1984).*Flora Apícola Colombiana.* Biblioteca científica de la presidencia de la república. Bogotá. Colombia.

Erdtman, G., (1969). *Handbook of Palynology.* An introduction to the study of pollen grains and spores. Munksgaard, Copenhagen,

Espinal, L. (1988). *Notas Ecológicas sobre Nariño, Quindío y Tolima.*Medellín. Antioquia: Editorial Lealon.

Esquivel, H. &Nieto, A. (2003). *Diversidad florística de la cuenca alta del Combeima.* Programa PEI. Universidad del Tolima. Colombia.

Faye, P. (2002).Relevamiento de la flora apícola e identificación de cargas de polen en el sureste de la provincia de Córdoba, Argentina. *Agriscientia, 19,* 19-

30.   Recuperado   de   http://www.agriscientia.unc.edu.ar/volúmenes/pdf/
v19n01a03.pdf

Ferguson, D. (2007). *The need for the SEM in Palaeopalynology*, Comptes Rendus
Palevol,   6(6-7),   423–430.   Recuperadodehttp://dx.doiorg/10.1016/j.crpv
.2007.09.018

Fernández, I. & Diez, M.J. (1990). Algunas consideraciones sobre terminología
palinológica. I, Polaridad y simetría. [Versión electrónica] *Lagascalia*, 16(1),
51-60. Recuperado de http://dialnet.unirioja.es/servlet/oaiart?codigo=624653

Flores, M. (2011). *Sustentatibilidad apícola*. Chile: Ediciones Salvator.

Flores,   P.   (s.f.).   *Como   comentar   una   cliserie*.   Recuperado   de
http://geopress.educa.aragon.es/Materiales/pepe_flores/Comocomentar_
cliserie.pdf

Fonnegra, R. (1989).*Métodos de estudio palinológico*. Universidad de Antioquia.
Colombia.

Franky, A. (2008).   Producir polen es la   mejor alternativa en zonas de alta
montaña   tropical. *Memorias 9Congreso Iberolatinoamericano de Apicultura*.
(pp. 42) Corporación Centro Nacional apícola. Concepción. Chile.

Galeano, M. & Bernal R. (1993). *Guía de plantas del parque regional natural
Ucumari. Tomo I* Instituto de Ciencias Naturales. Corporación autónoma
regional de Risaralda (CARDER).Colombia.

García, J. (2011). Apicultura de conservación en comunidades rurales en la Sierra
Nevada de Santamarta. *Memorias 42 Congreso Internacional de apicultura*.
Buenos Aires. (pp. 47). Argentina.

Girón,   M. (1996). *Mellitopalinología. Recolección de polen y néctar por Apis
Mellífera en algunas especies de plantas silvestres y cultivadas del municipio
de Salgar (Antioquia)*. Universidad del Quindío. Colombia.

Gonzales, J. (2009). *Flora digital de la selva*. Organización de Estudios Tropicales. Recuperado de: http://sura.ots.ac.cr/local/florula3/families/ADOXACEAE.pdf

Guzmán, R. (2007).*Aspectos generales relativos a la flora apícola Colombiana*. (Trabajo de grado no publicado). Licenciatura en Biología y Química. Universidad del Tolima. Facultad de Educación. Colombia.

Hernández, J., Salamanca, G. & Reyes, M. (2010).Valoración cromática e identificación botánica del polen corbicular colectado por *Apis mellifera* (Hymenoptera: Apidae) en bosque de cliserie de la zona altoandina de Boyacá. *Memorias de 45Congreso Nacional de Ciencias Biológicas*. (pp. 210) ACCB. Armenia. Colombia.

Hesse, M., Halbtter, H., Zetter, R., Weber, M., Buchner, M., Radivo, A. & Urlicha, S. (2009). *Pollen Terminology. An illustrated handbook*. Austria: SpringerWienNewYork. Recuperado de http://books.google.com.co/books

Holdrigc, Leslie. (1996). *Ecología basado en las zonas de vida*. San josé de Costa Rica. Instituto Interamericano de Cooperación para la Agricultura (IICA).

Huaranca, R. *La flor, inflorescencia y fruto*. Iquitos. Perú. (2010).Recuperado de http://www.unapiquitos.edu.pe/intranet/pagsphp/docentes/archivos/La%20Flor %20Clases.pdf?PHPSESSID=b97f13aaddec9f96653b181e4cb44457

Iniciativa Colombiana de Polinizadores. ICPA. (2010). *Capitulo Abejas*. Colombia. Recuperado de http://www.ciencias.unal.edu.co/unciencias/data-file/user_21/ICPA%20TODO.pdf

Instituto Geográfico Agustín Codazzi. I.G.A.C. (1977). *Zonas de vida y formaciones vegetales de Colombia*. Boletín. Bogotá,13(11), Colombia: Autor.
López, P. (1986). *Catálogo para una flora apícola Venezolana. Mérida Venezuela:* Universidad de los Andes.

López, Y. (s.f.). *Como comentar una cliserie*. Recuperado de http://yoliloprofe.wordpress.com/2011/01/25/cliserie-3/

Louveaux, J. (1978). *Methods of melissopalynology. Bee World, 59*(4), 139-157.

Mahecha, G., Ovalle, A., Camelo, D., Rozo, A. &Barrera, D. (2004). *Vegetación del territorio CAR, 450 especies de sus llanuras y montañas*Bogotá. Colombia: Panamericana. Formas e impresos S.A.

Marchini, L. Almedia, D. & Souza, V. (2002). Flora apícola de duas Áreas de cerrado do Estado de Sào Paulo. Confederación Brasilera de Apicultura.*Memorias 14 Congresso Brasileiro de Apicultura.* (pp. 15).Campo Grande-MS. Brasil.

Mateu, I. Burgaz, M.& Rosello J. (1996). *La apicultura Valenciana.* España: Universidad de valencia.

Medan, D., Cilla, G., Fernández, V., Marrero, H. & Chamer, M. (2011). Las abejas silvestres y *Apis mellifera* comparten recursos en los agroecosistemas pampeanos. *Memorias del 42°Congreso Internacional de apicultura.* (pp. 66). Argentina. Buenos Aires.

Mercado, G. Solano, L. & Sánchez, L. (2007). Morfología polínica para especies de 5 géneros de las familia Melastomataceae registradas para el Norte de Santander (Colombia) *Bistua: Revista de la Facultad de ciencias, 5*(1), 71-86. Recuperado de: http://www.redalyc.uaemex.mx/ pdf/903/90350110.pdf

Moreno, E. & Devia, W. (1982). *Estadio del origen botánico de la miel y el polen almacenado por Apis mellífera, Melipona eburnea y Trigona (Tetragonisca) angustula (Hymenoptera: Apidae), en el municipio de Arbelaez, Cundinamarca, Colombia.* (Trabajo de pregrado no publicado). Departamento de Biología, Universidad Nacional de Colombia. Colombia.

Montoya, P. (2011). Uso de recursos florales poliníferos por *Apis mellifera* (Hymenoptera: Apidae) en apiarios de la Sabana de Bogotá y alrededores. (Tesis de maestría). Facultad de Ciencias. Bogotá D. C. Colombia.

Nates-Parra, G. (2005) *Abejas Corbiculadas de Colombia: (Hymenoptera: Apidae)* Bogotá. Colombia: Universidad nacional de Colombia.

Nieto V. A. & Duque, I. (1998). *Estudio mellitopalinológico de las mieles producidas por Apis Mellífera en el Municipio del Líbano-Tolima.* (Trabajo de grado no publicado). Universidad el Tolima. Facultad de Educación. Colombia.

Obregón, L. (2006). *Calendarios florales para las zonas asociadas a apiarios en los municipios de Garzón, Gigante y Paicol, Huila.* Recuperado de ftp://ftp.ciat.cgiar.org/Agroecosystems/outgoing/p.laderachMielesspeciales/ Calendarios%20Florales%20arz%F3n,%20Paicol% 20y %20Gigante. pdf

Instituto de Hidrología, Meteorología y Estudios Ambientales IDEAM. (1998). Ecosistemas. Recuperado de http://intranet.ideam.gov.co:8080 /openbiblio/Bvirtual/000001/cap7.pdf

Osorio, T. M. (2002). *Factores climáticos asociados a la producción apícola en las principales zonas biogeográficas del Departamento del Tolima.* (Trabajo de grado).Programa de Licenciatura en Biología y Química. Universidad del Tolima. Colombia.

Ortega, J. (1987). *Flora de interés apícola y polinización de cultivos.* España: Ediciones mundi prensa.

Ortiz, B. (1987). Procedencia botánica de polen almacenado por Apis mellífera en alrededores de la Sabana de Bogotá. I: Polen de las colmenas. *Agronomía Colombiana.*

Palacios, R., Ludlow, B. Villanueva, R. (1990).*Flora Palinológica de la Reserva de la Biosfera de Sian ka an, Quintana Roo,* México:Ferradiz, S.A.

Pamela, I.& Raine, I. (2001). Pollen and spore keys for quaternary deposits in the northern Pindos Mountains, Greece. *Grana, 40*(6), 299-387. Recuperado de http://dx.doi.org/10.08 0/00 173130152987535

Parra, C. (2003). Revisión taxonómica de la familia Myricaceae. *Colombia caldasia, 25*(1), 23-64. Recuperado de http://www.unal.edu.co/icn/ publicaciones/caldasia/25(1)/botanica2.pdf

Pedrasa, P., Betancur, J. & Franco, P. (2004). Chisacá un recorrido por los páramos andinos. Flora de Chisacá. Bogotá. Colombia: Panamericana formas e impresos S.A.

Pirani, R, J & Cortopassi, L. (1994). *Flores e Abelhas em São Paulo*. (2da edição). Brasil: Editora Universidad de São Paulo.

Prete, A. & Rosàrio, L. (2002). Levantamento Preliminar Participativo da flora apícola em floresta da várzea no arquipélago do Bailique, daltado do rio Amazonas. Confederación Brasilera de Apicultura. *Memorias 14 Congresso Brasileiro de Apicultura*. (pp. 22). Campo Grande-MS, Brasil.

Raigon, J. (1995). *La polinización de cultivos en Cuyo*. Argentina. Instituto Nacional de Tecnología agropecuaria. Recuperado de http://www.inta.gov.ar/ sanjuan/info/documentos/ apicultura/PolinizCuyo.pdf

Rangel, O. (2000).*Biodiversidad en la región del Páramo. Con especial referencia a Colombia*. Recuperado de http://www.banrepcultural.org/blaavirtual/ geografía/congresoparamo/ biodiversidad-en-la-region.pdf

Riera, C. (2003). Diccionario de palinología. España: Universidad de Barcelona.

Rivas, S., Rodríguez, S., Canals S. & Bedascarrasbure E. (2011). La apicultura como herramienta de desarrollo y conservación de los recursos naturales en República Dominicana. *Memorias 42 Congreso Internacional de apicultura*. Buenos Aires. (pp.46). Argentina.

Roubik, D. (2003). *Pollen and spores of Barro Colorado Island*. Smithsomian Tropical Research Institute. Recuperado dehttp://striweb.si.edu/roubik/

Sáenz, C. (2004). Glosario de términos palinológicos *Revista Lazaroa, 25,* 93-112. España. Recuperado de http://revistas.ucm.es/far/02109778/articulos/ LAZA0404110093A.PDF

Secretaria de Agricultura, Ganadería, desarrollo rural, pesca y alimentación. SAGARPA. (s.f.). *Manual Básico Apícola. Programa nacional para el control de la abeja africana.* Recuperado de http://www.sagarpa.gob.mx/ganadería /Publicaciones/Lists/Manuales%20 apícolas/Attachments/3/manbasic.pd

Salamanca, G. (2010). Estudio analítico comparativo de las propiedades fisicoquímicas de mieles de Apis mellífera, en algunas zonas apícolas de los departamentos de Boyacá y Tolima. Universidad del Tolima. Colombia: Autor.

Salamanca, G., Osorio, M. & Guzmán, S. (2007). Aspectos relativos al polen y su valor estructural. *Apitec Revista Mexicana de Apicultura, 62,* 4-12. Recuperado de http://www.apitec.net

Salamanca, G., Vargas, E. Osorio, M. Yate, A. & García R. (2008). El sistema de ecoregiones colombianas y su estado apícola productivo. Corporación Centro Nacional apícola. *Memorias de 9 Congreso Iberolatinoamericano de Apicultura.* (pp.58*)* Concepción. Chile.

Salamanca, G., Campuzano M. & Polania L. (2010).Caracterización morfológica de polen diferentes especies de orquídeas presentes en la fundación orquídeas del Tolima. *Memorias de 45Congreso Nacional de Ciencias Biológicas.* ACCB. (pp. 150). Armenia. Colombia.

Salamanca, G., Salamanca, P., Pérez, F., Zapata M. & Osorio M. (2001). *Flora Apícola indicadora Departamento del Tolima.* Recuperado de: http://www.beekeeping.com/articulos/salamancaflora_ apícola.htm

Salamanca, G. Osorio, M. & Casanova, R. (2007). Evaluación del proceso de polinización   de   algunos cultivos comerciales y estimacióndel rendimiento frutícola. *Revista Científica UNET, 19*(1), 58-68.

Salamanca, G. & Serra, J. (2004).Caracterización polínica de las miles de *Apis mellífera* de las zonas biogeográficas del Tolima Colombiano. *Revista Institucional. Universidad Tecnológica del Choco, 21,* 84-94.

Salamanca G., Vargas, G. & Pérez, C., (2001). *Flora apícola indicadora de la pradera Colombiana del sector de Boyacá.* Recuperado de http://www.beekeeping.com/ artículos/salamanca/ flora_apicola.htm

Saléh, D., Figueroa, J. & Tello, J. (2011). Caracterizaciones de cinco condiciones de secado de polen comercial de *Apis mellífera* y su efecto en la calidad microbiológica del producto final. Memorias *42 Congreso Internacional de apicultura*. (pp.93). Buenos Aires. Argentina.

Sánchez, S. D. (1995). Calendarios apícolas para el Sureste Antioqueño. *Miscelánea Sociedad Colombiana de Entomología*, 32, 1-40.

Sanchez, S. D. (1995). Jardin Botanico apícola del Lima. *Miscelánea Sociedad Colombiana de Entomología*, 32, 41-46,

Sánchez, Y., Sosa, S. & Lozano, M. (2009). Morfología polínica de especies de la selva Mediana subperennifolia en la cuenca del río candelaria, Campeche. *Boletín de la Sociedad Botánica de México*, 84, 83-104. Recuperado de http://redalyc.uaemex.mx/src/inicio/ArtPdfRed.jsp?iCve=57712091007

Santamaría, A. (2009). *Diagnóstico productivo y comercial de la cadena apícola de los programas para la sustitución de cultivos ilícitos y desarrollo alternativo de Acción Social y UNODC.* Recuperado de http://xa.yimg.com/kq/groups/ 20158309/834109919/name/diagnóstico

Sayas, R. & Huaman, M. (2009). Determinación de la flora polinífera del Valle de Oxapampa (Pasco-Perú) en base a estudios palinológicos. *Revista Redalyc. Ecología Aplicada, 8*, (1-2), 53-59. Recuperado de http://www.scielo.org.pe /pdf/ecol/v8n1-2/a07v8n1-2.pdf

Secretaria de Medio Ambiente. Alcaldía Mayor de Bogotá. D. C. *Fichas Técnicas por especie* Recuperado de http://www.dama.gov.co/dama/libreria/php /decide.php?patron=03.1305020113&numm=22

Senterre, B. & Castillo, C. *Campanulaceae. Flora de veracruz.* Fascículo 149. Veracruz. México. Recuperado de http://www1.inecol.edu.mx/publicaciones/ resumeness/FLOVER/149 Campanulaceae.pdf

Silva, D. Arcos, A. & Gomez, J. (2006). *Guía Ambiental Apícola*. Bogotá, D. C. Colombia: Grey Comercializadora Ltda.

Silva, G. (2006). *Flora asociada a la actividad melífera en apiarios en sur del Departamento del Huila.* Recuperado de ftp://ftp.ciat.cgiar.org/ Agroecosystemsoutgoing/p.laderach/Mieles_Especiales/Flora%20Melife ra.pdf

Soejarto, D. & Fonnegra, R. (1972). Polen: Diversidad en formas y tamaños. [versión electrónica] *Actualidades Biológicas, 1*(1), 1-13.Medellín. Colombia Recuperado de http://matematicas.udea.edu.co/~actubiol/publicaciones_pdf/ 1972/1%20(1)/MSS%20PDF's/1.%20Soejarto,%20D%20y%20Fonnegra,%20R. pdf

Socorro, A. & Espinar, C. (1998). *Estudio del polen con interés en la Apiterapia.* Colegio oficial de farmacéuticos de Granada. España: Editorial Camares.

Van der ham. T. (2000). Aspectos de historia y ecología de biodiversidad norandina y amazónica. *Revista de la Academia colombiana de ciencias, 24*(91), 231-245. Recuperado de http://www.accefyn.org.co /revista/Vol_24/91/231-245.pdf

Vargas, E. (1999). *Análisis morfométrico y grado de africanización de la abeja Apis mellífera en el algunos municipios del Departamento de Boyacá.* (Trabajo de grado) Facultad de Ciencias Agropecuarias. Boyacá. Colombia.

Vargas, W. (2002). Guía Ilustrada de las Plantas de las Montañas del Quindío y los Andes Centrales. Colombia: Editorial Universidad de Caldas. Recuperado de http://*books.google.com.co/books?isbn=9588041384*

Velázquez, C. & Rangel, O. (1995). Atlas palinológico de la flora vascular del páramo I. Las familias más ricas en especies., *Caldasia 17,* (82-85), 509-568. Recuperado de www.revista.unal.edu.co/indexphp/cal/article/ *download /173 12/18147*

Vidal, M. (2002). Levantamento da flora Apícola de Cruz das Almas-Bahia. Confederación Brasilera de Apicultura. *Memorias de 14 Congresso Brasileiro de Apicultura.* (pp. 18).Grande-MS. Brasil.

Villegas, G., Bolaños, A. Miranda, J. Quintana, L. Quintana, E. & Zavala J. (1999). *Flora nectarífera y polinífera en el Estado de Michoacan.* Gobernación de Michoacán. Recuperado de http://www.culturaapicola.com.ar/apuntes/ floraapicola/ 00_mich 1.pdf

Villegas, G., Bolaños, A., Miranda, J., García, J. & Galván, O. (2003). *Flora nectarífera y Polinífera en el estado de Tamaulipas.* Gobierno del Estado de Tamaulipas. Recuperado de http://www. Agrotamaulipas.gob.mx/información_ sector/ forestal/Flora %20Tamaulipas.pdf

Vit, P. & Schwartzenberg, J. (2003). *Espeletia schultzii* Wedd.Fichas botánicas de interés apícola en Venezuela N° 05 Frailejón. *Revista de la facultad de farmacia, 45* (1)80-82. Recuperado de http://www.saber.ula.ve/dspace/ bitstream/123456789 /23866/1/articulo7.pdf

Vit, P. & Schwartzenberg, J. (2005). Fichas botánicas de interés apícola en Venezuela N° 12 Cizaña. *Revista de la facultad de farmacia, 47*(1), 32-34. Recuperado de http://www.saber.ula.ve/dspace/bitstream/123456789/23866 /1/articulo7.pdf

Vit, Patricia. (2005). *Melissopalynogy.* Venezuela: Universidad de los andes,

Vivas, N., Maca, J. & Pardo, M. (2008). Caracterización cualitativa del polen recolectado por *Apis mellífera* en tres apiarios del municipio de Popayán. [versión electrónica]. *Biotecnología en el sector Agropecuario, 6(2). 94-98.* Recuperado de http://www.uicauca.edu.co/biotecnologia/ediciones/Vol6-2/CARACTERIZA CION %20POLEN.pdf

Yate, P. J. (2007).*Evaluación diagnostico montaje y optimización de un sistema apícola productivo en el sector de chaparral (Tolima).* (Trabajo de grado no publicado). Programa de Ingeniería Agroindustrial. Colombia

Young K. (2006). Bosques húmedos. *Botánica económica de los Andes centrales.121-129.* Recuperado de http://www.beisa.dk/Publications/BEISA% 20Book%20pdfer/Capitulo%2008.pdf

ANEXOS

Anexo A. Relación de Familias botánicas de las principales especies asociadas al bosque de cliserie en sistema altoandino de Boyacá

Adoxaceae: Antes Caprifoliaceae y Viburnaceae. Comprende un grupo de árboles y arbustos, algunos de ellos son trepadores rara vez herbáceas. Presentan hojas opuestas, simples (*Viburnum*) o compuestas (*Sambucus*), caducas o persistentes. Sus flores son hermafroditas y pequeñas, dispuestas en corimbos, panículas, umbelas, o cimas complejas en las axilas de las hojas, con el pedúnculo soldado al nervio medio de una gran bráctea tectriz, normalmente bisexuales. El fruto es drupáceo. Distribuidas por las zonas templadas a tropicales de casi todo el planeta; se encuentra desde el bosque húmedo premontano (*bh-PM*) al bosque muy húmedo montano bajo (*bmh-MB*) (Gonzales, 2009). El grano de polen es simple, trizonocolporado, isopolar, con simetría radial, circular o elíptico, de tamaño pequeño o grande; la exina es psilado-perforada y equinulada o reticulada. (Palacios *et al*, 1990)

Agavaceae: Arbustos o hierbas, frecuentemente monocárpicas. Hojas grandes y vistosas, dispuestas en roseta, naciendo directamente del suelo o en los extremos de las ramas. Hojas de consistencia carnosa, anchas en su base, que se van reduciendo hasta angostarse, terminando en una espina rígida. El margen es espinoso y coriáceo. Su polen es oblato en vista ecuatorial y elíptica en la vista polar, monosulcado con sexina reticulada. La inflorescencia es terminal, bracteada, paniculada, espigada o racemosa Pirani y Cortopassi, (1994).

Asteraceae: Esta familia es extensa dentro de la flora apícola Colombiana, de fisonomía arbustivas o bejucosas, también hierbas o especies semiarbustivas; rara vez árboles pequeños o de talla mediana, glabros o a menudo con varios tipos de pelos glandulares. Hojas opuestas, rara vez verticiladas, simples y enteras o dentadas, algunas veces compuestas o divididas; estípulas ausentes. Predominan las hojas simples, pero hay opuestas, generalmente sin estípulas, hojas con nervios curvos o pinnados. La inflorescencia es en cabezuelas también se pueden encontrar cimas corimbiformes o racemiformes, panojas de cimas, glomérulos entre otros. (Cronquist, 1984) Citado en Guzman (2007), (Vargas, 2002). Polen simple trizonocolporado, rara vez tetrazonocolporado, isopolar, con simetría radial, elíptico a/o circular, tamaño pequeño a grande exina equinolofada, equinada, equinulada, equinulado-granulada o perforada, Carretero, (1989), Socorro y Espinar, (1998).

Araliaceae: Familia conformada por un número amplio de especies herbáceas, arbustos, enredaderas y algunos árboles, reúne cerca de 2550 especies agrupadas en 105 géneros. Las hojas son alternas, simples y compuestas, pinnadas ó palmeadas de gran tamaño y presentan estipulas pequeñas. Las inflorescencias son en umbelas compuestas, de flores unisexuales o bisexuales, con cáliz de cuatro a cinco lóbulos soldados al ovario; corola de cinco pétalos o a veces tres libres parcialmente soldados; con tres a cinco estambres; ovario ínfero con cinco carpelos soldados. La estructura floral es CA^{4-5} $CO^{5\ (3)}$ $A^{5\ (3)}$ $A^{5\ (3)}$ $\overline{G}^{5}$. (Vasques, & Rojas 2002). El grano de polen es trizonocolporado, isopolar con simetría radial, su forma es elíptica a circular, de tamaño pequeño a mediano. La exina es reticulada. Los frutos son drupas con cinco semillas, Pirani y Cortopassi, (1994).

Betulaceae: Familia de árboles y arbustos caducifolios, normalmente monoicos, rara vez dioicos, de hojas simples, alternas, pecioladas, con estípulas y nerviaciones generalmente rectas. Sus flores son unisexuales, solitarias o dispuestas en cortos amentos o racimos, con brácteas. Las masculinas dispuestas en típicos amentos cilíndricos y colgantes que suelen aparecer el año anterior a su maduración. (Mahecha *et al.* 2004). Polen oblato-esferoidal, radiosimétrico, poligonal en vista polar. Tetraporado y estefanoporado con cinco poros, psilado, levemente escabrado y con poros prominentes. (Palacios *et al*, 1990), Pamela y Raine (2001).

Borraginaceae. Familia representada por herbáceas, arbustos, lianas y árboles, las cuales comprenden unos 100 géneros y alrededor de 2.000 especies distribuidas por las regiones tropicales, subtropicales y templadas. Se caracterizan por tener hojas generalmente simples y alternas aunque a veces opuestas o verticiladas, con el borde entero, dentado o lobulado, sin estípulas Los tallos, hojas e inflorescencias a menudo cubiertas de pelos. Sus flores normalmente hermafroditas, gamopétalas y actinomorfas (Cronquis, 1966, 1984) Citado en Guzman (2007). El polen es simple, trizono, tetrazono o polizonocolporado, hexazonoheterocolpado o hexazonocolpado, heteropolar o isopolar, con simetría radial, cónico-piriforme, rectangular, elíptico, de tamaño pequeño a mediano; la exina es granulada o baculada, psilada, finamente punteada, perforada y finamente reticulada. El fruto es drupáceo o compuesto de dos a cuatro núculas (tetraquenio) Pirani y Cortopassi, (1994).

Brassicaceae: Esta familia comprende unas 300 especies de herbáceas generalmente anuales o perennes; de hojas opuestas o alternas, simples, enteras o profundamente lobuladas. Su inflorescencia son en racimos; flores en cruz, hermafroditas, actinomorfas regulares, cáliz con cuatro sépalos libres dispuestos en cruz, a veces con la base ligeramente gibosa; su corola con un verticilo de cuatro pétalos alternos con los sépalos, a veces en dos grupos. (Mahecha *et al*, 2004). Granos de polen generalmente tricolpados, algunos dicolpados oblato-esferoidal, subprolato, perprolato; algunas veces pólenes grandes. Sexina más gruesa que nexina, generalmente reticulados. Pirani y Cortopassi, (1994),

Bromeliaecae: Esta familia consiste en cerca de 59 géneros con aproximadamente 2400 especies que crecen como epífitas (sobre otras plantas o piedras), geófitas o terrícolas en forma arrosetada, con hojas paralelinervias y en la mayoría espinosas. Tienen raíces asimilatorias y fijadoras. Sus inflorescencias terminales son en espigas, racimos o cabezuelas, simples o ramificadas y subtenida por muchas brácteas de colores llamativos. (Lopez, 1986). El polen es monosulcado o disulcado y di o poliporado.

Campanulaceae (Subf. Lobelioideae). Antes lobeliaceae. Plantas anuales o perennes, generalmente subfrutescentes, con jugo lactescente. Hojas alternas, simples, sin estipulas. Inflorescencias diversas, generalmente en espigas, raro flores solitarias axilares, pedunculadas, con o sin brácteas. Flores hermafroditas, raro unisexuales por aborto, zigomorfas. Cáliz con el tubo soldado al ovario; limbo partido, corola gamopétala, labiada. Con 3 a 5 pétalos unidos en forma variada. (Vargas, 2002). Grano de polen mediano, mónade, isopolar, tricolporoidado. Forma subtriangular u oblata, exina fina, tectada y fosulada.

Clethraceae: Esta familia es monogénerica conformada por 30 a 80 especies, de los cuales en Colombia se encuentran algunos entre los 1000 y los 3000 msnm, en ambientes húmedos, muy húmedos y surperhúmedos. Árboles o arbustos caducifolios o siempreverdes, con troncos acanalados o redondeados; de hojas alternas, simples, generalmente aserradas. Sus inflorescencias son en racimos o panículas terminales, regulares, perfectas, actinomorfas, el cáliz es penta o hexa lobulado. (Vargas, 2002).

Clusiaceae. Constituida por más de 50 géneros y alrededor de 1.400 especies de árboles grandes o pequeños y aún epífitos a hemiparásitas, leñosas con raíces adventicias, con exudado anaranjado. Su hábito es arbóreo y arbustos fundamentalmente, también lianas y bejucos, las herbáceas más frecuentes en zonas templadas, a menudo con glándulas marcadas. Sus hojas son simples o verticiladas, opuestas, sin estípulas numerosos estambres que pueden ser poliadelfos o fasciculados. El fruto es una cápsula septicida o septifraga, a veces baya o drupa, semillas a veces ariladas (Cronquist, 1984) Citado en Guzman (2007). El grano de polen trizonocolporado, isopolar, elíptico, exina perforada, reticulada. (Palacios *et al*, 1990)

Commelinaceae. Las especies, se pueden considerar como plantas de cobertura de los cafetales. Son comúnmente herbáceas terrestres, erectas o postradas, algunas bejucosas, que crecen en potreros, bordes de camino o interior. Los tallos son blandos, suculentos, con nudos engrosados y que desprenden mucilago al ser partidos. Las hojas son simples o en pseudoverticilos espiralmente arreglados o dísticos que envainan el tallo en la base de las vainas cerradas; alternas, de Lámina elíptica o lanceolada; la nerviación es paralela o curvada. Sus inflorescencias son cimosas (Izco, 2004) Citado en Guzmán (2007). El polen prolato, tamaño medio, con exina delgada, con polen escabroso, con un colpo bien evidente. Moreno y Devia, (1982).

Cucurbitaceae: Familia   conformada por 130 géneros y 900 especies, de herbáceas, o subarbustos, (monoicos o dioicos), que de acuerdo a su hábito de crecimiento son rastreros, trepadores, frecuentemente con nectarios extraflorales presentes. Sus hojas son simples, alternas, enteras o lobuladas y con pecíolos largos, con un zarcillo, insertado lateralmente en la base de cada peciolo, algunas veces espinoso o ausente; sin estipulas (Cronquis, 1984). Su estructura polínica es simple, trizonocolporado o tetrazonoporado, isopolar reticulado.

Cunnoniaceae: Familia conformada en 30 géneros y 350 especies, entre arbusto y árboles, a veces trepadoras leñosas, con taninos y mucílagos. Las hojas son simples, pinnadas o trifoliadas, opuestas o a veces verticiladas, algunas veces con estípulas connadas o interpecioladas caedizas. Sus inflorescencia son en racimos terminales o axilares; sus flores normalmente son de pequeño tamaño, bisexuales (Vargas, 2002). Grano de polen es trizonocolporado, tectado con una alta variable ornamentación de la exina de reticulada a estriada.

Cyperaceae: Familia de distribución cosmopolita. La componen herbáceas rizomatosas perennes, de tallos trígonos, de hojas basales trísticas con vaina tubulosa completa, simples, enteras y lineares. Sus inflorescencias en espigas terminales, con brácteas de varios tipos; de flores pequeñas e inconspicuas (Vargas, 2002). El polen subprolato a prolato, radiossimétrico, heteropolar. Polo distal en general alargado, adelgazándose en direccion al pólo proximal. Inaperturado, monoulcerado con aberturas alongadas e irregulares, en número variable, en la region ecuatorial. Escabrado, con ornamentación mas gruesa en las aberturas. (Palacios *et al*, 1990)

Elaeocarpaceae: Grupo vegetal conformado por árboles de raíces tablares; sus hojas son simples alternas, dísticas o helicoidales, con estípulas libres, pecioladas, reniformes o sentadas o hasta ausentes; sin exudado. Inflorescencias en racimos, panículas o cimas discaciales; flores perfectas o unisexuales, sépalos cuatro a cinco o más (Mahecha, *et al*, 2004). Grano de polen subprolato, de ámbito esferoidal, tricolporados y exina psilada. (Palacios *et al*, 1990).

Ericaceae: Grupo de plantas con 125 géneros y unas 4.500 especies, representadas por arbolitos, arbustos o bejucos terrícolas, epífitos o postrados encontrados en todos los climas. Las hojas son simples, alternas, helicoidales, sin estípulas, ni exudado, curvinervadas o penninervas, pequeñas o medianas. Sus Inflorescencias son en racimos bracteados o en flores solitarias y subtenidas por dos bracteolas; las flores son perfectas o unisexuales Luteyn (1995) Citado en Pedrasa, *et al*, (2004). Polen compuesto o simple, en tétradas tetraédricas o mónadas, granos trizonocolporado, tamaño de la tétrada pequeño a grande, exina psilado–punteada, verrugosa o punteado perforado, Soejarto y Fonnegra (1972), Velásquez y Rangel (1995), Carretero, (1989)

Escalloniaceae: Comprende una gama de plantas, principalmente herbáceas y arbustivas, con un pequeño número de árboles ornamentales. Distribución cosmopolita, el género *Escallonia* es uno de los más diversos. El género

Escallonia suele ser un arbusto de 2 a 4 m siempreverde, resinoso de hojas ovaladas y dentadas. Género suramericano de plantas con gran representatividad en los bosques altoandinos y algunos páramos; se conocen cerca de 40 especies dentro de este género (Cronquist 1981, Zomlefer 1994) Citado en Pedrasa, *et al,* (2004).

Euphorbiaceae: Esta familia está integrada por unos 300 géneros y alrededor de 7.500 especies entre árboles, arbustos y arvences distribuidas mayormente por los trópicos. De tallo algunas veces suculento y con savia lechosa o coloreada en menor proporción. De hojas alternas o en menor proporción opuestas, (raramente espiraladas), pecioladas; estipuladas libres o connadas, frecuentemente caducas o ausentes; lámina con venación pinnada o palmeada, compuestas o simples y lobadas o no. Su inflorescencia es cimosa, periantio formado por cinco sépalos o ninguno. (Cronquis, 1984) Citado en Guzman (2007). Polen mónades, apolares, radiosimétricos muchas veces Inaperturado. Exina intectada, clavada, clavas sostenidas por pequeñas colummelas. Soejarto y Fonnegra (1972). Carretero, (1989). Fruto trilocular.

Fabaceae (Subfam. Mimosoidae): Posee más o menos 3.000 especies que se encuentran agrupadas en 64 géneros, distribuidas generalmente en regiones tropicales y subxerofíticas. Es posible encontrar árboles, arbustos o herbáceas que poseen hojas alternas bipinnadas o pinnadas a veces reducidas a filodios (*Acacia*), a veces con glándulas en el raquis o pecíolos, con estípulas que a menudo son espinosas y con una buena cantidad de bacterias nitrificantes en los nódulos de las raíces. Sus inflorescencias en espigas, racimos o panículas (Vargas, 2002). Polen compuesto, en polinias constituidas por dieciséis granos irregulares; exina lisa. Sánchez, Sosa, y Lozano, (2009).

Fabaceae (Subfam. Papillionoideae). Está familia integra árboles, arbustos, herbáceas y lianas, con más o menos 440 géneros y 12.000 especies aproximadamente, tienen la particularidad de poseer bacterias nitrificantes en los nódulos de sus raíces; las hojas son alternas, trifoliadas, pinnadas o palmaticompuestas y algunas veces simples, con estípulas, a veces modificadas, en espinas o púas. Sus inflorescencias son racemosas o paniculadas (Vargas, 2002). Polen en monadas. Ámbito circular; forma prolada a subprolada, polos redondeados en vista ecuatorial; granos tricolporados (Palacios *et al*, 1990). Carretero, (1989).

Flacourtiaceae: Esta familia incluye 86 géneros y unas 1.250 especies distribuidas por los trópicos y subtrópicos, con algunas especies en zonas templadas. Árboles y arbustos de hojas simples, alternas, opuestas o en verticilos, dentadas o enteras. Las ramillas a veces con espinas; flores unisexuales o bisexuales, sobre pies diferentes (dioicos). Aparecen de formas solitarias o agrupadas en racimos axilares o terminales. Poseen de dos a dieciséis sépalos, a veces con apariencia de pétalos, normalmente igual número de sépalos

(Mahecha, *et al*, 2004). Los granos de polen triaperturados, colporado generalmente, Sánchez, Sosa, y Lozano, (2009).

Hypericaceae: Plantas de hojas simples y ferrugínas, opuestas o verticiladas, sin estípulas, exudado anaranjado, yemas en espada y corteza escamosa. Las flores vistosas generalmente terminales, de solitarias a cimosas-paniculadas, amarillas o blancas, flores hermafroditas, actinomorfas, con sépalos imbricados al igual que los pétalos; el fruto es en cápsula o una baya, raramente una drupa (Mahecha *et al*, 2004). El grano de polen es elíptico, trizonocolporado, isopolar, con simetría radial, de tamaño pequeño a mediano y exina es perforada a finamente reticulada. Pamela y Raine (2001).

Lamiaceae: La familia taxonómica de esta especie se caracteriza por sus hojas simples y ferrugíneas, que pueden ser opuestas o verticiladas simples u ocasionalmente pinnaticompuestas; estípulas ausente. Su hábito arbustivo o herbácea o rara vez árboles pequeños o de medio tamaño (hasta 18 m en *Hyptis arborea*), generalmente aromáticas, con pelos septados incluso en las flores. Tallos rastreros, algunos decumbentes, ligera a fuertemente cuadrangulares, color vino tinto. Granos medianos, sub-speroidal, reticuladas, tricolpado o hexacolpado, los surcos son generalmente rectos y estrechos o puede ser alternativamente acortado (hexacolpados). Inflorescencias de varios tipos, la mayoría en pequeñas cimas en la axila de brácteas u hojas (Izco, 2004) Citado en Guzmán, (2007) Moreno y Devia, (1982). Pamela y Raine (2001).

Lauraceae: Familia formada por árboles y arbusto en su mayoría perennifolios distribuidos en 52 géneros y unas 3.500 especies. De hojas simples enteras, coriáceas y persistentes, la yema terminal enrollada, a menudo provistas de glándulas y con la nerviación pinnada. A veces son tri o penta palmeadas aparentemente. Las inflorescencias axilares o subterminales en panículas, racimos o cimas o raramente solitarias (Cronquist, 1981) Citado en Guzmán, (2007). Polen por lo general pequeño, esferoidal, apolares e inaperturado, la exina muy reducida y espinulada. (Palacios *et al*, 1990)

Loranthaceae: Familia con 70 géneros y 700 especies conformadas por arbustos y herbáceas, rara vez arboles terrestres (*Gaiadendrum* sp); son erectos o ascendentes con raíces chupadoras, las hojas generalmente simples, opuestas, verticiladas, enteras o algunas veces reducidas a escamas, lamina papirácea con cloroplastos enmascarados por pigmentos amarillos, Sus flores son de coloración roja o amarilla; hermafroditas o unisexuales, actinomorfas, agrupadas en racimos o en cimas (Dueñas & Roselli, 2000). Granos mónade trilobado apolar asimétrico radialmente tricolpado, exina tectada, porado, tectada, sexina granulada, área polar y ámbito triangular, Soejarto y Fonnegra (1972).

Melastomataceae: Es la séptima familia más diversa del planeta. Presenta venación curvinervia de sus hojas. Conformada por árboles, arbustos, hierbas o trepadoras o hemiepífitas con hojas simples y opuestas, con varias venas que se extienden arqueados desde la base hasta el ápice de la hoja. Sus inflorescencias son en panícula, espiga, cimas o umbelas simples, de flores hermafroditas, actinomorfas muy vistosas, casi siempre de color blanco, rosado, rojo o morado; la mayoría tetrámeras o pentámeras periantio biserado (Cronquist, 1981). Polen subprolato a prolato, radiosimétrico, isopolar y pequeño. Circular en vista polar, tricolporado, psilado, pseudocolpos intercalados en los colporos y estratificación oscura (Mercado, *et al,* 2007), Pirani y Cortopassi, (1994).

Myricaceae: Esta familia integra 55 especies en tres géneros, conformados por árboles y arbustos, caducifolios o siempreverdes, monoicos o dioicos, de hojas alternas, enteras o pinnatífidas, generalmente aromáticas, con glándulas resiníferas, con o sin estípulas. Las flores son unisexuales, solitarias o sobre espigas axilares. Carecen de perianto. Las flores masculinas en amentos, sin periantio, con dos, seis a veinte estambres, aunque con mayor frecuencia cuatro a ocho (Parra, 2003; Vargas, 2004). Polen suboblato, vista polar semiangular, sexina de mayor espesor que nexina, tectada, psilada, escabrosa en los áspides. Triporado, polos más o menos circulares, aspidado, poros situados en la parte superior de los áspides. (Palacios *et al*, 1990).

Myrsinaceae: Familia integrada por 1000 especies distribuidas en 32 géneros. Representados por arbustos o árboles, con troncos redondeados y en algunos casos con exudado rojizo, morado o resinoso; de hojas simples, coriáceas, alternas y reunidas en la parte terminal para algunas especies. Generalmente contiene puntos y rayas traslucidas. De inflorescencias axilares y terminales o flores pequeñas caulinares (Izco, 2004) Citado en Guzmán, (2007). Granos de polen tri o dicolporoidados, isopolares, subprolado a oblato esferoidal, en vista ecuatorial elíptica y polar lobulados fosaperturados. Exina psilada perforada, rugosa a fosulada. (Palacios *et al*, 1990)

Myrtaceae: Familia con 144 géneros y 4620 especies, integradas por árboles y arbustos. De hojas simples y opuestas pocas veces alternas, que tienen células oleíferas en el limbo entero; de nerviación brochidroma (un doble borde). Las flores están presentes en forma de inflorescencia cimosas, en racimos, raras veces como flores solitarias, además bisexuales y actinomorfas (Jones, 1988 e Izco, 2004) el polen es simple, trizonosincolporado, isopolar, con simetría radial, elíptico, tamaño pequeño a mediano; exina escábrida. Pirani y Cortopassi, (1994).

Passifloraceae: Hierbas, lianas o arbustos generalmente lianas de hojas simples o compuestas, alternas, con estipulas libres, zarcillos nectáreos y flores actinomorfas pentámeras. Fruto en capsula o baya. Granos reticulados; grandes; contorno polar circular, policolporado, esferoidal, prolato en agrupación mónade (Mahecha et al, 2004), Palacios *et al*, 1990.

Polygonaceae: En esta familia se conocen cerca de 1100 especies agrupadas en 46 géneros, algunos son arbustos hasta árboles pequeños y hiervas, de hojas simples, alternas, helicoidales, con estípulas ócreas o tubulares o con estipulas soldadas y membranosas, con formación de vaina alrededor del tallo. Sus flores son pequeñas, hermafroditas, solitarias o agrupadas en racimos (Brandbyge, 1989) Citado en Pedrasa *et al* (2004). Polen semitectado, policolporado o monoporado, reticulado y de forma esférica. Sánchez, Sosa, y Lozano, (2009).

Polygalaceae: Familia constituida por 12 géneros y cerca de 750 especies. Se distinguen grupos de herbáceas, arbustos, trepadores y algunos árboles pequeños En general las especies presentan hojas simples, alternas, enteras o reducidas a escamas. La inflorescencia usualmente es en forma de espigas, racimos o panícula terminales, axilares o extra axilares y bracteadas (Cronquist, 1981). Polen psilado, policolporado, esferoidal, prolado y agrupación mónade. Moreno y Devia, (1982).

Rosaceae: Importante familia con gran número de plantas leñosas y herbáceas, muy estimada principalmente por sus especímenes frutales y ornamentales. De hojas alternas, simples y trifoliladas o palmaticompuestas, de borde liso o dentado; estipulas persistentes o caducas generalmente con glándulas. Sus inflorescencias son cimosas, axilares o terminales; las flores son bisexuales, actinomorfas, con frecuencia grandes. Los estambres numerosos dispuestos en diversos verticilos, normalmente múltiplos de cinco (Vargas, 2002). Polen simple, trizonocolporado, isopolar, con simetría radial. Elíptico de tamaño pequeño a mediano, estriada, vista polar circular o triangular, vista ecuatorial circular o cortamente elíptica. Pirani y Cortopassi, (1994), Carretero, (1989).

Rubiaceae: Es una de las familias más numerosas, pues posee alrededor de 10.500 especies, que se encuentran distribuidas en 630 géneros. A nivel económico su interés está centrado en el café. Son árboles, arbustos o herbáceas a veces espinosos, de hojas simples rara vez pinnadas, opuestas o verticiladas; de margen entero, lobado o dentado; estipulas generalmente interpeciolares. Las inflorescencias axilares o terminales en cimas o panículas, espigas o cabezuelas solitarias, la corola es rotácea o hipocrateriforme. El fruto es en forma de baya, drupa o cápsula (Vargas, 2002). Grano de polen monada, tricolporado y rara vez triporado, colpado exina reticulada, faveolada o equinada. Velásquez y Rangel (1995).

Sapindaceae: Familia compuesta por árboles o arbustos y trepadoras con dos zarcillos axilares, de hojas alternas, pinnaticompuestas o trifoliadas, a veces simples y a veces con látex blanco. Las inflorescencias terminales o axilares, cimosas, paniculadas o solitarias (Mendoza, H Y Ramirez, B. 2000). Polen radiosimétrico, isopolar, triangular en vista polar, zonas interangulares retas a levemente cóncavas. Tricolporado, per-reticulado, retículo fino. Columelas poco evidentes (Palacios *et al*, 1990).

Scrophulariaceae: Familia que comprende especialmente herbáceas, a veces arbustos y más raramente pequeños árboles. De hojas alternas u opuestas, no siempre verticiladas, simples, en ocasiones pinnadas. Las flores en inflorescencias muy variadas, a veces solitarias, bisexuales; cáliz profundamente dividido en cuatro a cinco lóbulos; corola simpétala, irregular, pueden ser bilabiada, con cinco o menos pétalos. Fruto generalmente en cápsula septicida, menos frecuentemente loculicida (Holmgren y Molau 1984) Citado en Pedrasa *et al* 2004. La estructura polínica es simple, trizonocolpado o trizonocolporado, isopolar, con simetría radial, elíptico o circular, de pequeño a mediano. La exina finamente reticulada, perforada, granulada o rugulado-estriada. Velásquez y Rangel (1995).

Solanaceae: Mayormente herbáceas erectas o trepadoras, anuales o perennes, arbustos y algunos árboles de pequeño porte, con hojas enteras o lobuladas, variando mucho en el tamaño y la forma. Suelen ser alternas y carecen de estípulas. La inflorescencia en cima o combinaciones de cimas axilares, o flores solitarias. Las flores son bisexuales normalmente con cinco sépalos y cinco pétalos. Los sépalos persisten con el fruto. Su fórmula floral es $CA^5\ CO^5\ A^5\ G^2$ Benitez y D'Arcy (1998). Citado en Pedrasa *et* al (2004). El fruto en baya indehiscente con numerosas semillas en su mayoría. La estructura polínica es simple, trizonocolporado, isopolar, con simetría radial, elíptico, tamaño pequeño a mediano y su exina es granulada. Sánchez, Sosa, y Lozano, (2009).

Verbenaceae: A esta familia pertenecen árboles, arbustos, bejucos o herbáceas, agrupadas en 75 géneros y alrededor de 3000 especies, de hojas simples, opuestas o verticiladas sobre ramas cuadrangulares o subcuadrangulares, sin estípulas. Las flores normalmente irregulares, bisexuales, dispuestas en inflorescencias racemosas, o cimas o panículas, axilares o terminales. Polen simple, trizonocolporado y hexazonoheterocolpado, isopolar, con simetría radial, elíptico o circular, tamaño pequeño a mediano; exina rugulada o rugulado-perforada (Cronquis, 1984), Palacios *et al*, 1990.

Winteraceae: Arbusto o arboles de hojas alternas, simples, enteras, con puntos glandulares fino, estípulas ausentes. Inflorescencia en una umbela terminal por lo general, flores solitarias en las axilas de las escamas muy juntos. Flores mayormente actinomorfas, bisexuales o unisexuales y entonces las plantas dioicas. Sépalos generalmente de 2 a 4, valvados, o fusionados en una caliptra. Pétalos libres. Numerosos estambres. Carpelos libres o fusionados. Fruto una baya generalmente, folículos fundidos en una cápsula multilocular o sincarpo. Es una de las familias más arcaicas, aunque el polen no parece muy primitivo, en tétradas, rara vez en monadas, anaulcerado, reticulado, exina semitectada Castellanos y Vilela (1998).

Anexo B. Relación del registro polínico del bosque de cliserie zonas de Belén y Cerinza (Boyacá).

Lamina I. Adoxácea, Agavaceae, Asteraceae. (V.P: Vista polar, V.E: V. ecuatorial, C.O: (Corte óptico) CP-A: Polen determinado de muestra cosechada.

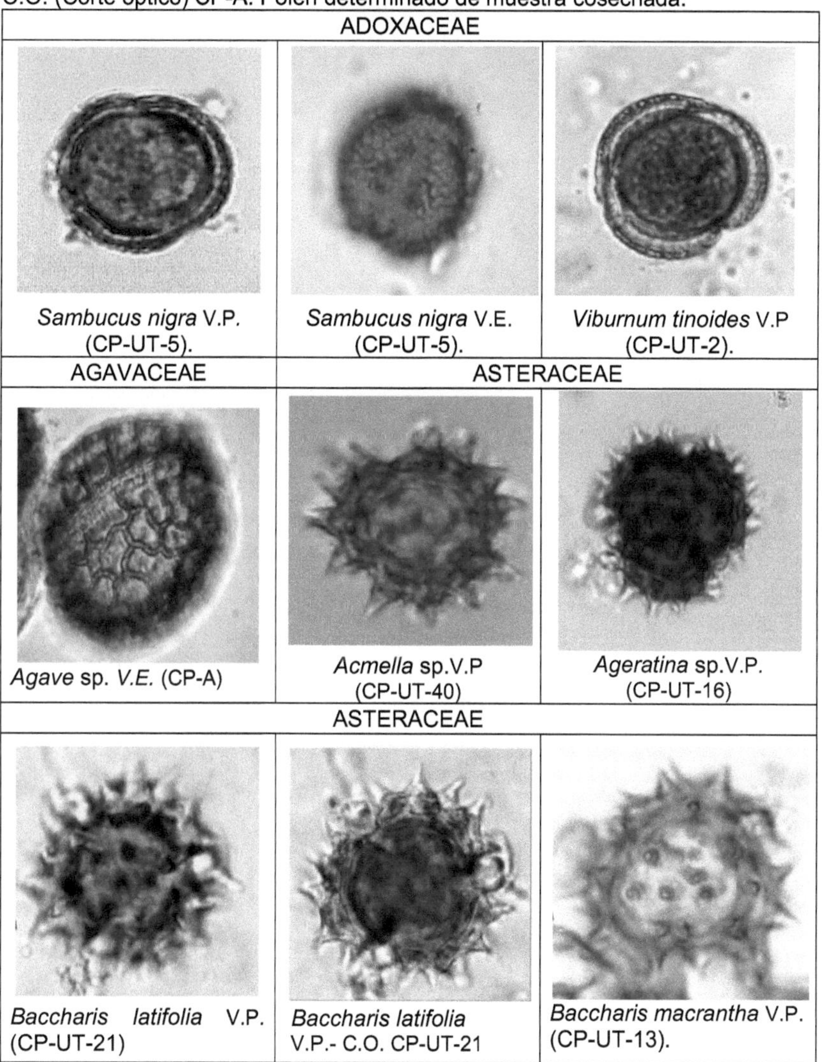

ADOXACEAE		
Sambucus nigra V.P. (CP-UT-5).	*Sambucus nigra* V.E. (CP-UT-5).	*Viburnum tinoides* V.P (CP-UT-2).
AGAVACEAE	ASTERACEAE	
Agave sp. *V.E.* (CP-A)	*Acmella* sp.V.P (CP-UT-40)	*Ageratina* sp.V.P. (CP-UT-16)
ASTERACEAE		
Baccharis latifolia V.P. (CP-UT-21)	*Baccharis latifolia* V.P.- C.O. CP-UT-21	*Baccharis macrantha* V.P. (CP-UT-13).

Lamina II. Asteraceae

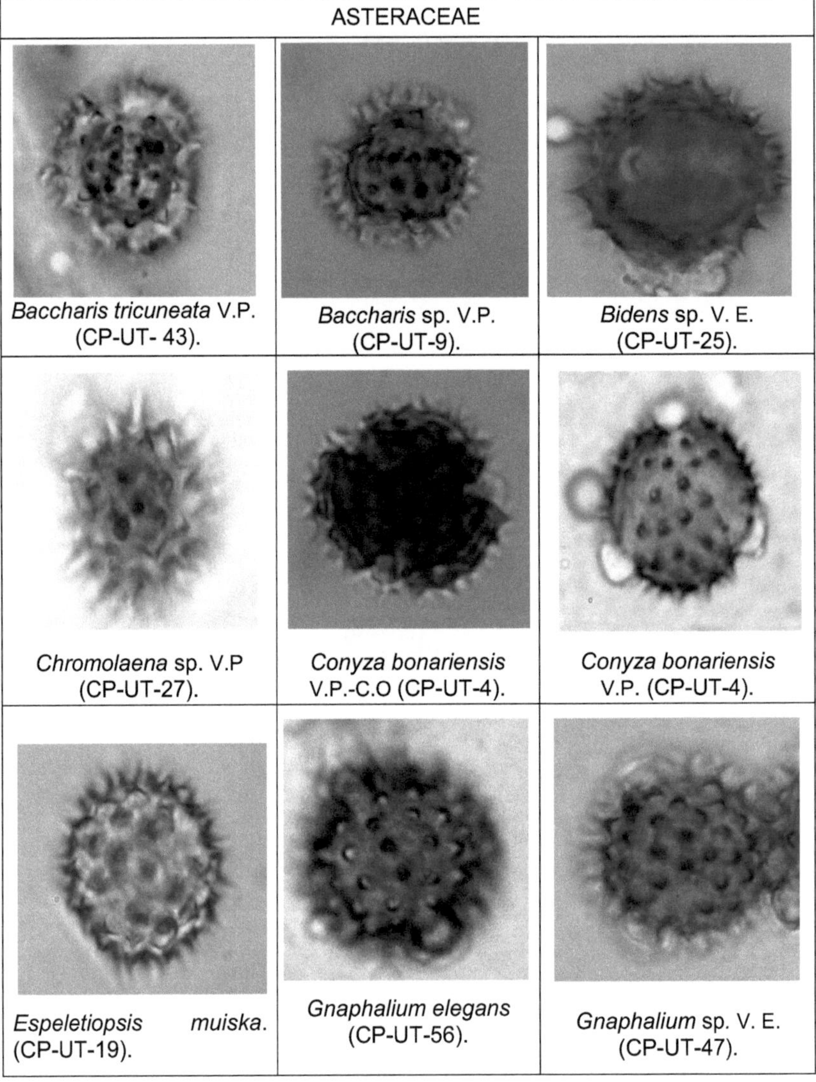

ASTERACEAE		
Baccharis tricuneata V.P. (CP-UT- 43).	*Baccharis* sp. V.P. (CP-UT-9).	*Bidens* sp. V. E. (CP-UT-25).
Chromolaena sp. V.P (CP-UT-27).	*Conyza bonariensis* V.P.-C.O (CP-UT-4).	*Conyza bonariensis* V.P. (CP-UT-4).
Espeletiopsis muiska. (CP-UT-19).	*Gnaphalium elegans* (CP-UT-56).	*Gnaphalium* sp. V. E. (CP-UT-47).

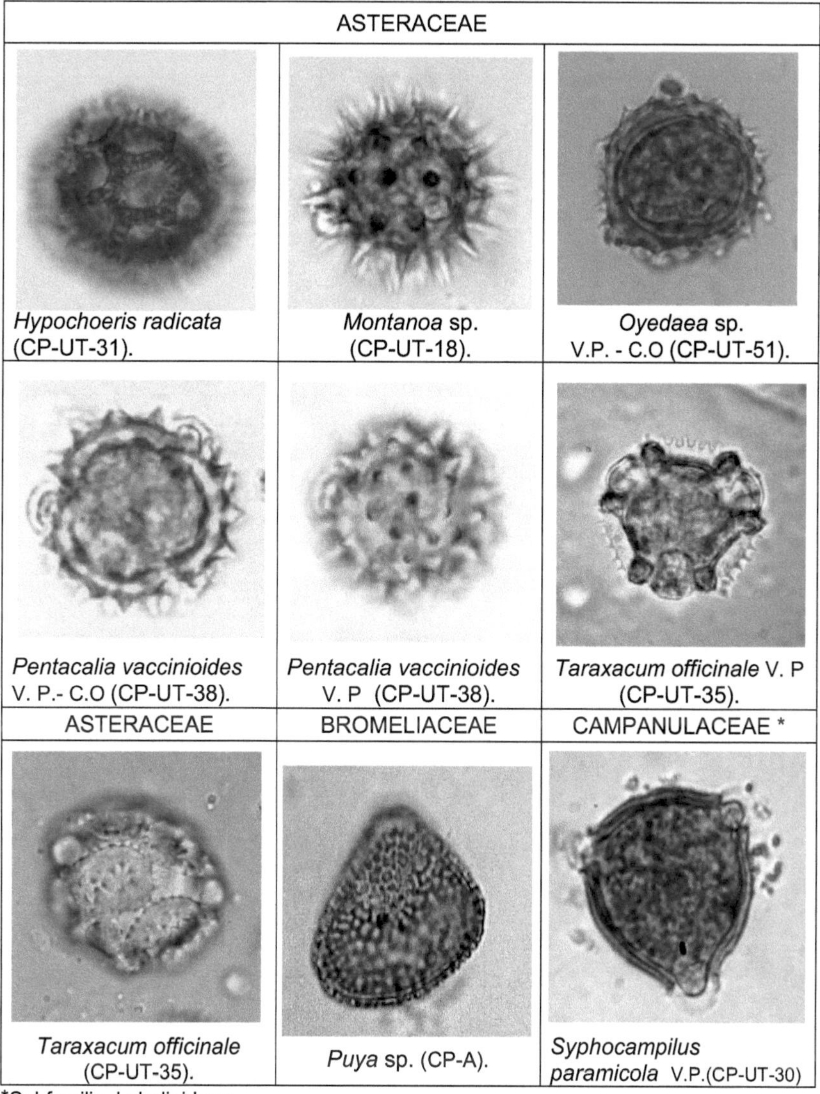

*Subfamilia Lobelioideae.

Lamina IV. Cunnoniaceae, Elaeocarpaceae, Ericaceae, Euphorbiaceae, Fabaceae.

CUNNONIACEAE		ELAEOCARPACEAE
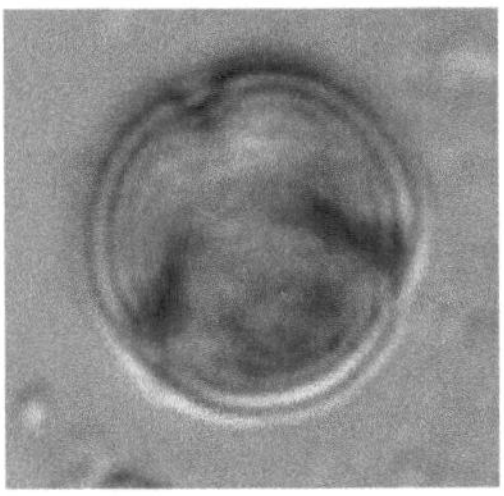 *Weinmannia tomentosa* V.E. (CP-UT-55).	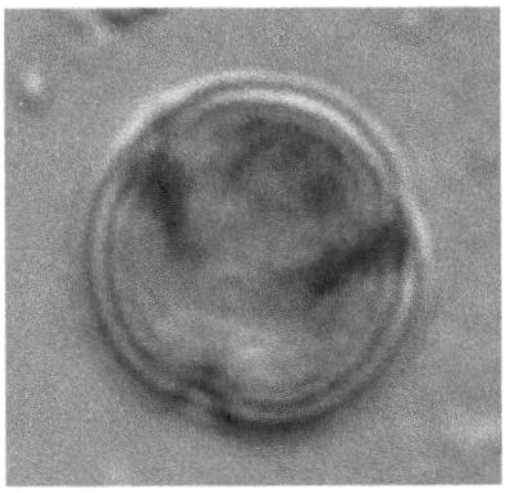 *Weinmannia tomentosa* V.P.(CP-UT-55)	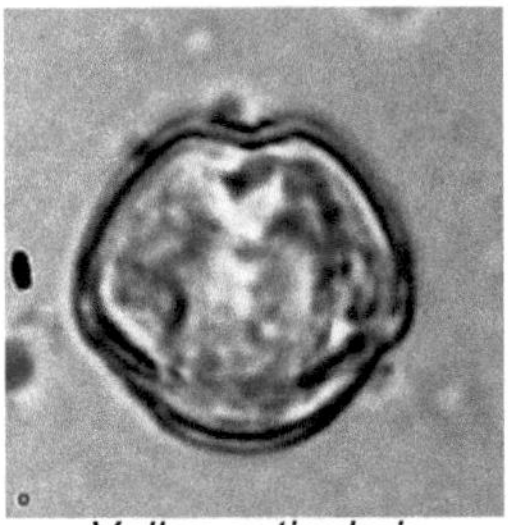 *Vallea estipularis* (CP-UT-49)
ERICACEAE		
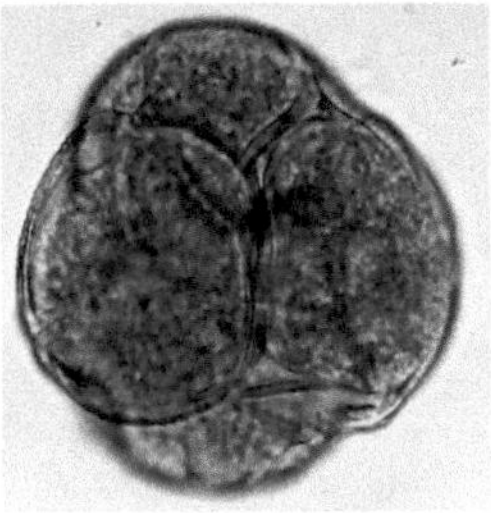 *Befaria resinosa* (CP-UT-11)	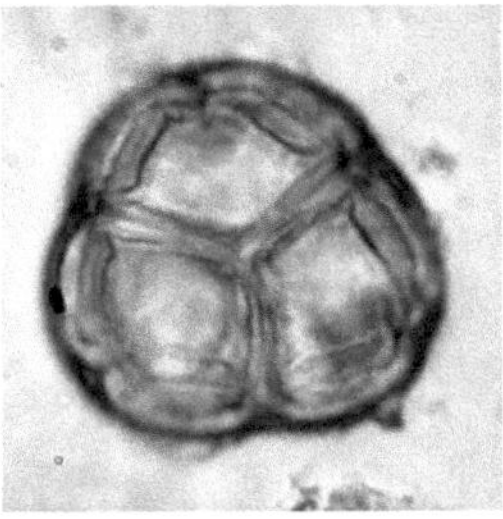 *Gaultheria* sp. (CP-A.)	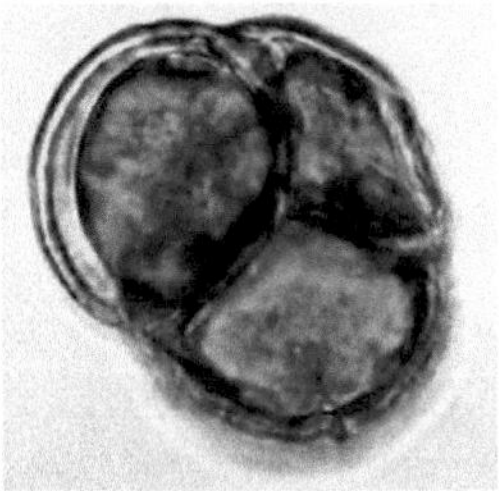 *Macleania rupestris* (CP-UT-12)
EUPHORBIACEAE	FABACEAE	
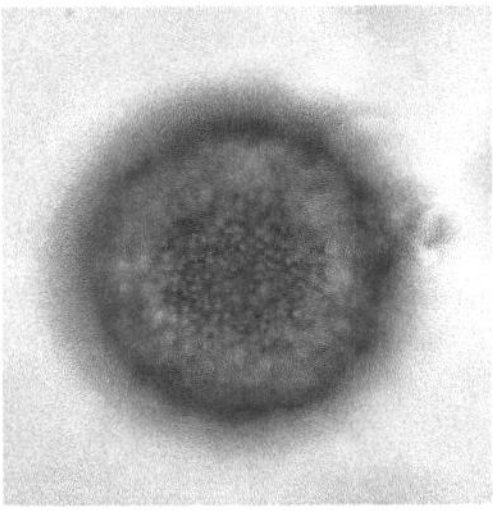 *Croton* sp. (CP-UT-7).	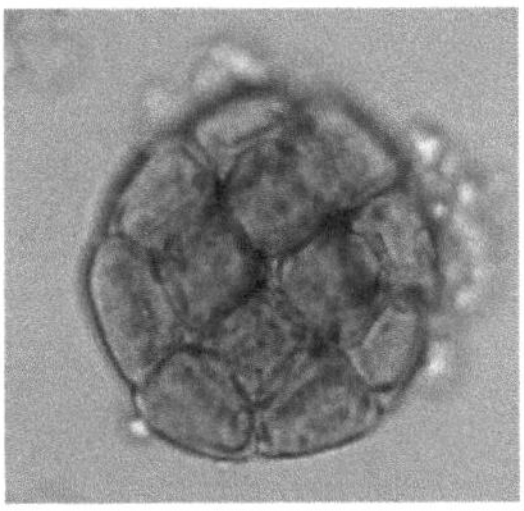 *Acacia decurrens* (CP-UT-17).	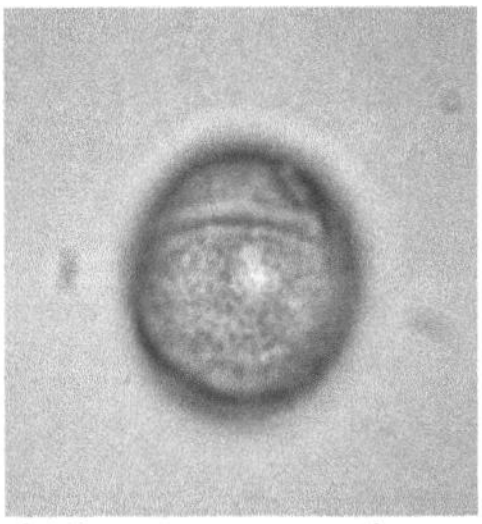 *Cytisus monspesulanus* (CP-A).

Lamina V. Fabaceae, Hypericaceae, Loranthaceae y Melastomataceae.

FABACEAE		HYPERICACEAE
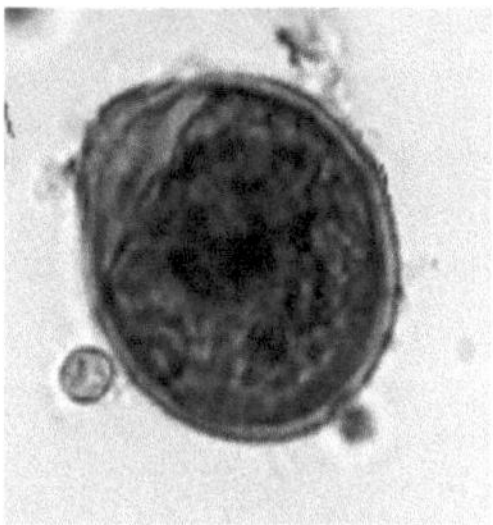 *Lupinus bogotensis* (CP-UT-14).	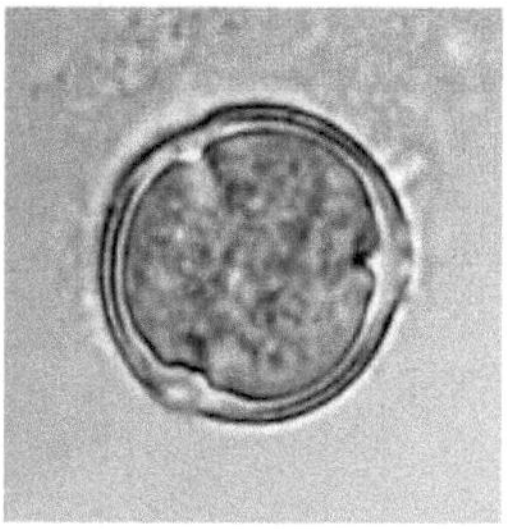 *Trifolium repens* (CP-UT-28).	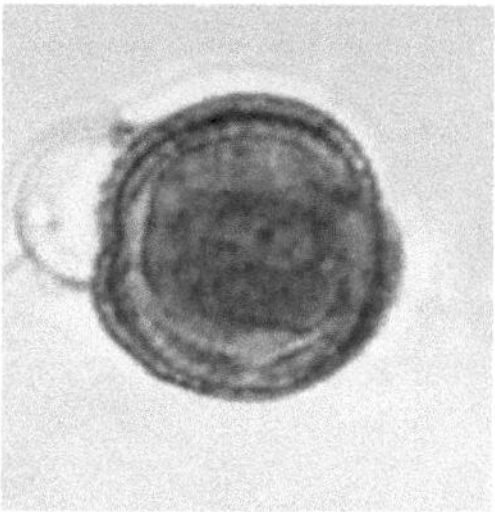 *Hypericum laricifolium* (CP-UT-34).
HYPERICACEAE		**LORANTHACEAE**
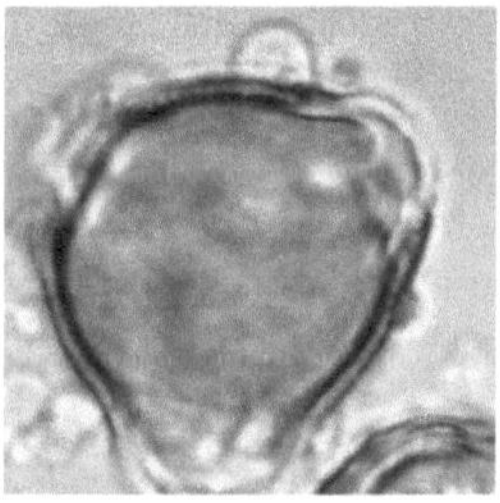 *Hypericum mexicanum* *V.P* - C.O. (CP-A).	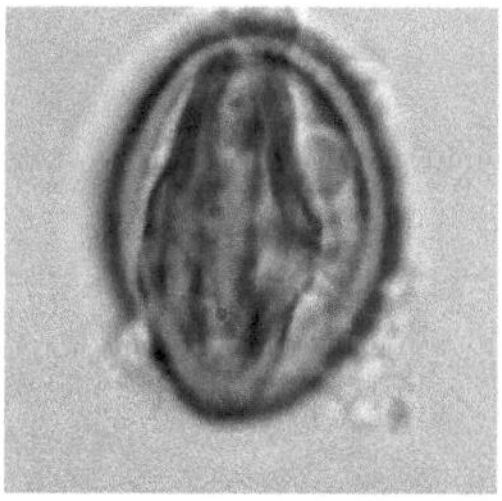 *Hypericum mexicanum* V. E. (CP-A).	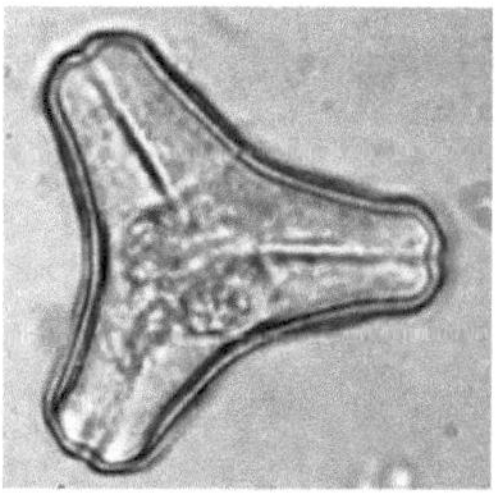 *Aetanthus holtonii* V.P. (CP-UT-44).
MELASTOMATACEAE		
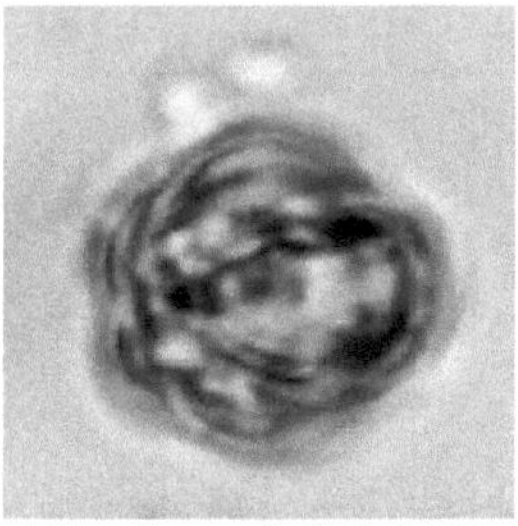 *Miconia salicifolia* V. E. (CP-UT-45).	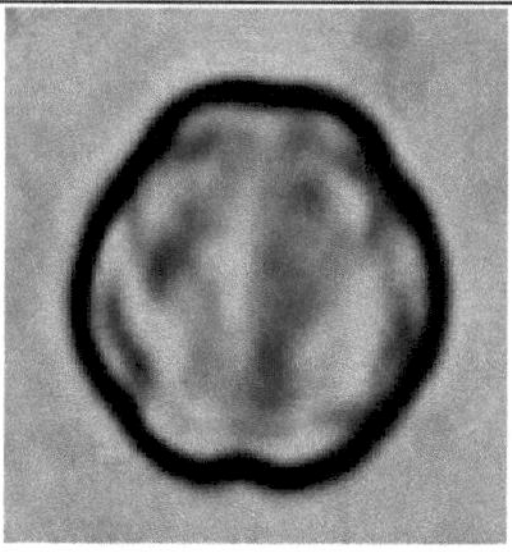 *Miconia squamulosa* V.E. (CP-UT-8).	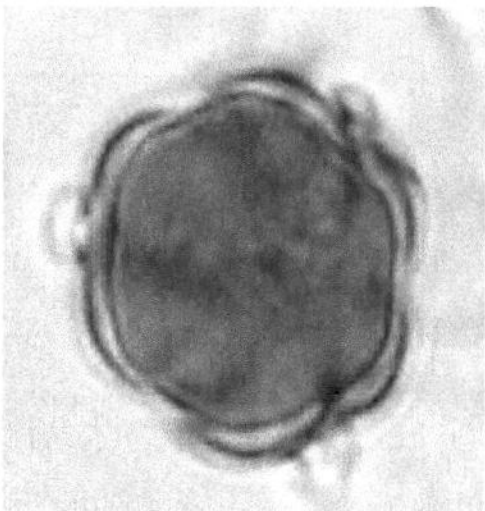 *Miconia* sp. V. P. (CP-UT-32).

Lamina VI. Melastomataceae, Myricaceae, Myrtaceae, Polygalaceae, Polygonaceae.

<table>
<tr><td colspan="3">MELASTOMATACEAE</td></tr>
<tr><td>*Monochaetum myrtoideum* V.E. (CP-UT-10).</td><td>*Monochaetum myrtoideum* V.E. (CP-UT-10).</td><td>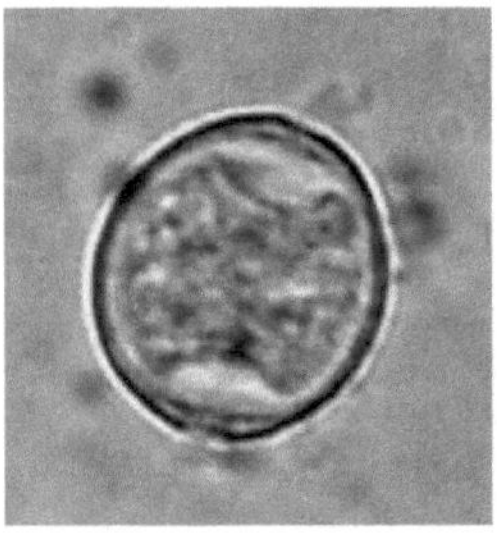
Brachyotum sp. (CP-A)</td></tr>
<tr><td>MYRICACEAE</td><td>MYRTACEAE</td><td>ONAGRACEAE</td></tr>
<tr><td>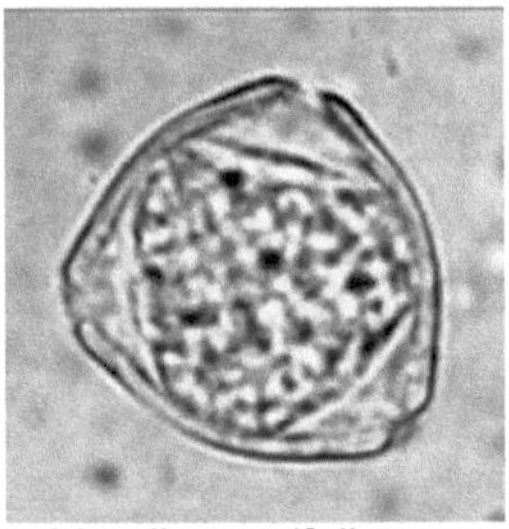
Morella parvifolia V.P (CP-UT- 52).</td><td>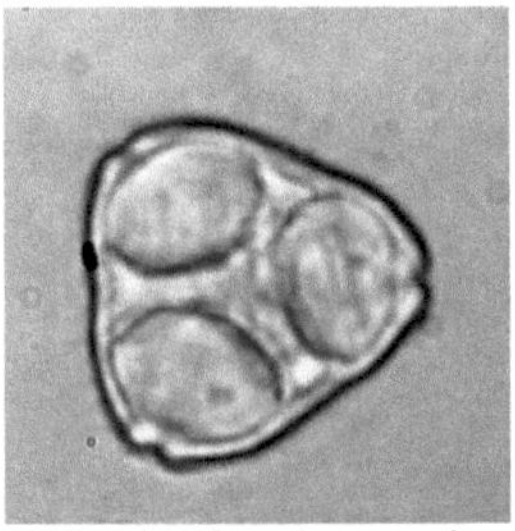
Myrcianthes leucoxyla V.P. (CP-A).</td><td>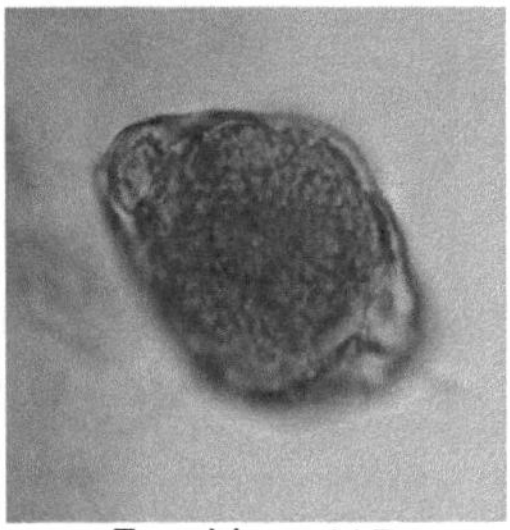
Fucshia sp V.P. (CP-UT-23)</td></tr>
<tr><td colspan="2">POLYGALACEAE</td><td>POLYGONACEAE</td></tr>
<tr><td>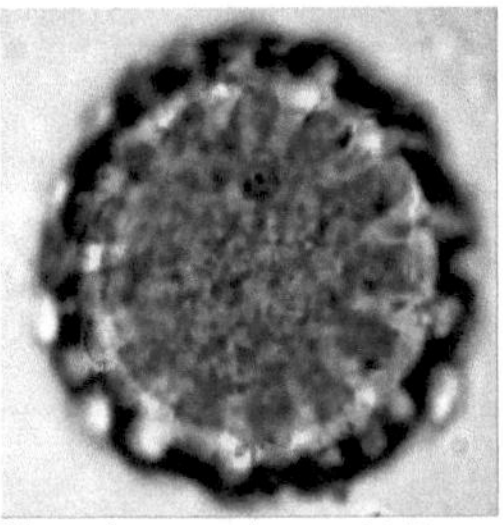
Monnina aestuans V.P. (CP-UT-41)</td><td>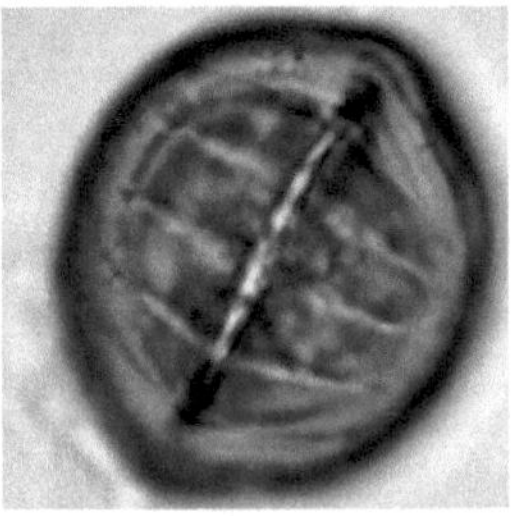
Monnina aestuans V.E. (CP-UT-41)</td><td>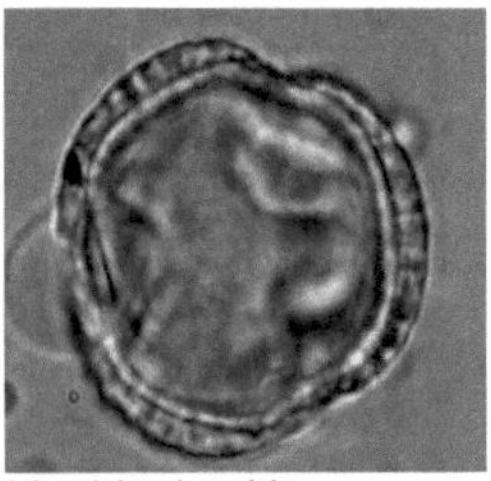
Muehlenbeckia tamnifolia V. P. (CP-A)</td></tr>
</table>

Lamina VII. Rosaceae, Rubiaceae, Sapindaceae, Scrophulariaceae, Solanaceae.

ROSACEAE		
Hesperomeles goudotiana V. P.(CP-A)	*Hesperomeles goudotiana* V. E.	*Rubus floribundus* V.E. (CP-UT-6).
RUBIACEAE	SAPINDACEAE	SCROPHULARIACEAE
Palicourea sp. (CP-UT-48).	*Dodonea viscosa* V.P (CP-UT-1).	*Castilleja fissifolia* V.P (CP- A)
SOLANACEAE		VERBENACEAE
Brugmansia arbórea V.E.(CP-UT-36)	*Brugmansia arbórea* V.P. (CP-UT-36).	*Duranta mutisii* (CP-UT-46).

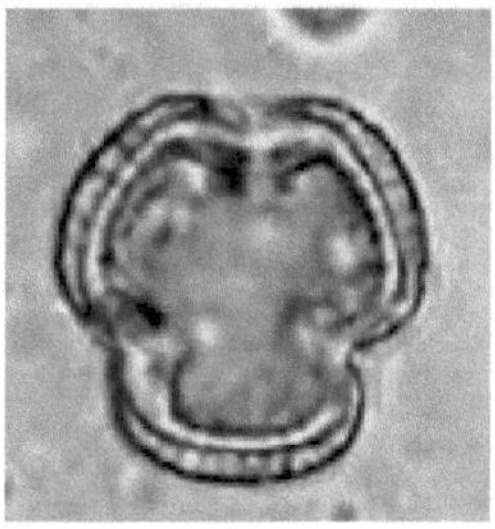

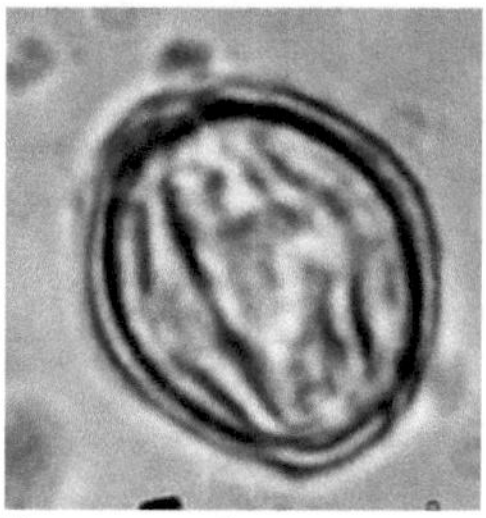

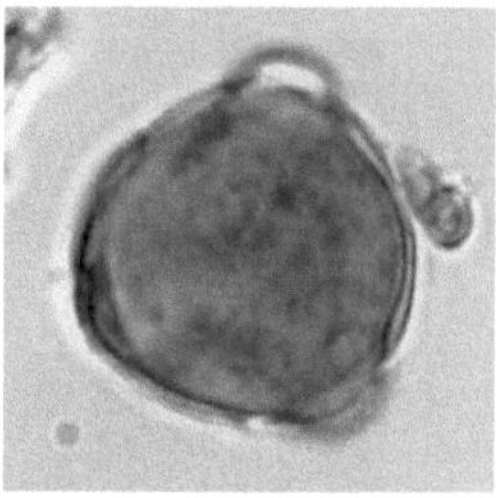

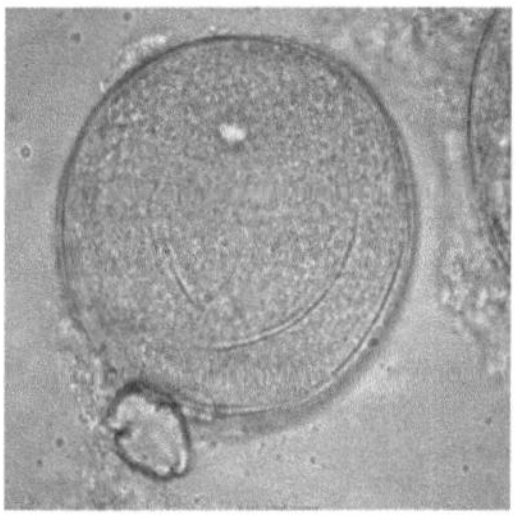

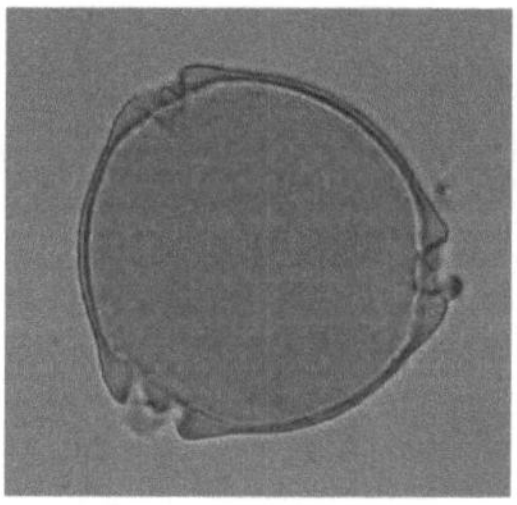

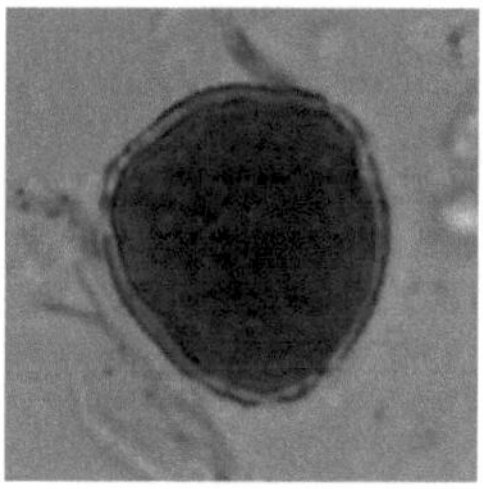

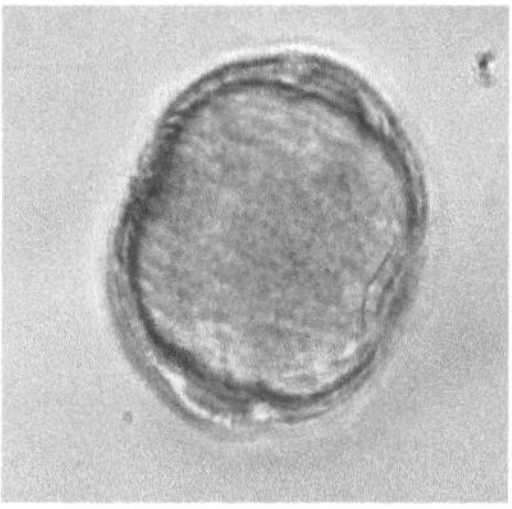

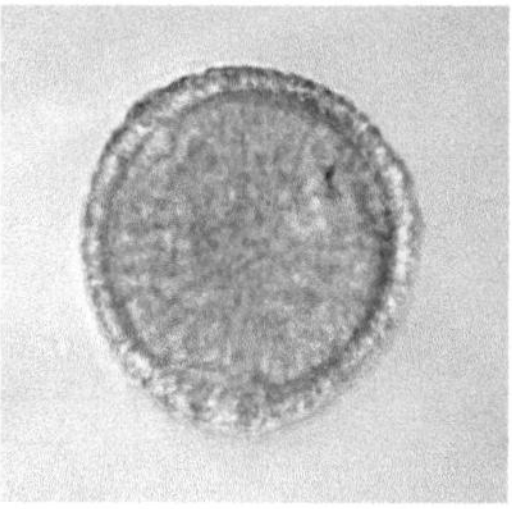

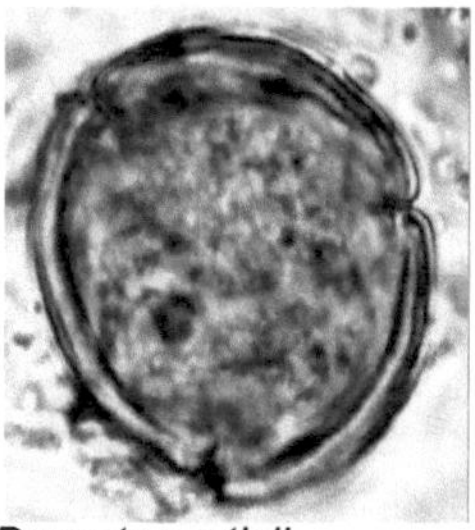

Anexo C. Equivalencias de rangos térmicos y precipitación establecidos para las zonas de vida de Holdridge

Altitud msnm	Zonas de vida			Temp. °C	Prec. mm/año
	Condición	**Nombre**	**Símbolo**		
0 a 1000	Caliente	Bosque pluvial tropical	*bp-T*	>24°	>8000
0 a 1000	Caliente	Bosque muy húmedo tropical	*bmh-T*	>24°	>4000-8000
0 a 1000	Caliente	Bosque húmedo tropical	*bh-T*	>24°	>2000-4000
0 a 1000	Caliente	Bosque seco tropical	*bs-T*	>24°	>1000-2000
0 a 1000	Caliente	Bosque muy seco tropical	*bms-T*	>24°	500-1000
800-2000	Templada	Bosque pluvial premontano	*bp-PM*	17°-24°	>4000
800-2000	Templada	B. muy húmedo premontano	*bmh-PM*	17°-24°	>2000-4000
800-2000	Templada	Bosque húmedo premontano	*bh-PM*	17°-24°	>1000-2000
800-2000	Templada	Bosque seco premontano	*bs-PM*	17°-24°	500-1000
1800-3000	Frio	B. pluvial montano bajo	*bp-MB*	12°-17°	>4000
1800-3000	Frio	B. muy húmedo montano bajo	*bmh-MB*	12°-17°	>2000-4000
1800-3000	Frio	B. húmedo montano bajo	*bh-MB*	12°-17°	>1000-2000
1800-3000	Frio	Bosque seco montano bajo	*bs-MB*	12°-17°	500-1000
2800-4000	Muy frio a subpáramo	Bosque pluvial montano	*bp-M*	6°-12°	>2000
2800-4000	Muy frio a subpáramo	B. muy húmedo montano	*bmh-M*	6°-12°	>1000-2000
2800-4000	Muy frio a subpáramo	Bosque húmedo montano	*bh-M*	6°-12°	>500-1000
3800-4500	Paramo	Paramo pluvial subalpino	*pp-SA*	3°-6°	>1000
3800-4000	Paramo	Paramo subalpino	*p-SA*	3°-6°	500-1000

Fuente: Osorio M.

Anexo D. Relación descriptiva de las estructuras polínicas de familias botánicas.

	Adoxaceae	Agavaceae	Araliaceae	Asteraceae	Betulaceae	Borraginaceae	Brassicaceae	Bromeliaceae	Clusiaceae	Commelinaceae	Crassulaceae	Cucurbitaceae	Cunnoniaceae	Cyperaceae	Elaeocarpaceae	Ericaceae	Euphorbiaceae	Subf Cesalpinioideae	Subf. Mimososoideae	Subf. Papilionoideae	
Inaperturado								■						■			■		■		
														■							Intectada
Monosulcado		■						■													
	■		■															■	■		Semitectada
Monoporado																					
				■								■	■						■	■	Tectada
Diporado																					
	■				■	■										■	■		■	■	Psilada - liso
Tri o tetraporado								■			■	■									
																					Puntitegilada
Pentaporado					■							■									
	■		■						■		■	■				■	■			■	Perforada
Monocolpado										■											
	■																				Foveolada
Tricolpado						■														■	
																				■	Fosulada
Tetracolpado						■															
													■							■	Rugulada
Hexacolpado					■																
			■		■																Clavado
Tricolporado				■	■						■		■		■	■	■	■		■	
				■					■										■		Baculado - Simplibaculado
Tricolporoidado																				■	
										■						■				■	Verrugado
Tetracolporado			■																		
					■									■		■	■		■		Escabrosa
Tetrazonocolporado				■	■													■			
	■			■																	Equinada (Equinulado)
Trizonocolporado	■			■	■	■			■		■		■			■		■		■	
	■		■			■	■	■				■	■			■	■	■		■	Reticulada- Microreticulado
Policolporado																					
											■	■						■			Estriada
Estefanocolporado																					
				■	■																Peroblato
Monadas	■	■	■	■	■	■	■	■	■	■	■	■	■	■	■	■	■	■		■	
					■														■		Oblato
Tetrade																■					
																					Suboblato
Poliada																■				■	
				■	■	■	■						■			■	■	■	■		Esferoidal
Elíptico	■		■	■				■	■		■	■								■	
															■					■	Subprolato
Circular	■		■	■												■	■				
	■			■						■	■						■	■	■	■	Prolato
Fenestrado				■																	

ANEXO D. (Continuación). Relación descriptiva de las estructuras polínicas de familias botánicas.

	Flacourtiaceae	Hypericaceae	Lamiaceae	Lauraceae	Subf. Lobelioideae	Lorantaceae	Melastomataceae	Myrcinaceae	Myricaceae	Myrtaceae	Passifloraceae	Polygalaceae	Polygonaceae	Rosaceae	Rubiaceae	Sapindaceae	Scrophulariaceae	Solanaceae	Verbenaceae	Verbenaceae	Winteraceae	
Inaperturado				■											■							
																						Intectada
Sulcado																						
			■								■		■			■					■	Semitectada
Monoporado						■							■									
	■			■	■			■					■		■		■		■	■		Tectada
Ulcerado																					■	
	■						■		■	■		■		■				■	■	■		Psilada - liso
Triporado						■		■	■													
																			■	■		Puntitegilada
Pentaporado																						
	■	■											■				■					Perforada
Monocolpado						■																
																						Favoleada
Tricolpado			■			■											■					
			■																			Fosulada
Tetracolpado			■																			
	■						■					■		■								Rugulada
Hexacolpado			■																■	■		
			■																			Clavado
Tricolporado	■			■				■			■	■	■				■		■	■		
											■											Baculado
Tricolporoidado				■													■					
																			■	■		Verrugado
Tetracolporado											■											
							■		■	■							■					Escabrosa
Trizonocolporado	■	■					■										■					
																						Equinada (Equinulado)
Lobulado					■																	
		■	■								■		■	■	■	■		■			■	Reticulada - Microreticulado
Policoporado											■	■										
			■												■				■	■		Estriada
Estefanocolporado							■								■							
						■																Peroblato
Monadas	■	■	■	■	■	■	■	■	■	■	■	■	■	■	■	■	■	■	■	■	■	
			■		■		■	■		■					■				■	■	■	Oblato
Tetrade																					■	
									■		■											Suboblato
Poliada																					■	
			■	■	■		■			■	■	■		■	■	■	■	■	■	■		Esferoidal
Elíptico	■	■								■				■		■	■					
							■										■					Subprolato
Circular	■															■	■				■	
		■					■	■			■	■		■	■			■				Prolato

Universidad del Tolima

Grupo de investigaciones Mellitopalinológicas y Propiedades Fisicoquímicas de los Alimentos.

Consulta Participativa Con Los Productores De La Zona

CENSO DE VEGETACIÓN

Localidad:_______________________________

Fecha:_________________ Altitud:_______ m.s.n.m

Tipo de vegetación:________________ Cobertura total:_____________

Tamaño de los lotes:_______________Foto No._____________

No.	Especie	Altura	Épocas de floración	AB. (Prom.)	Características
1.					
2.					
3.					
4.					
5.					

ABERTURA: Apertura.

ACETOLISIS: Técnica de preparación de polen y esporas para su estudio.

ÁMBITO: (del lat. ámbitos). El conjunto de líneas que delimitan un grano de polen o espora en vista polar.

ANASTOMOSADO: Interconectado o unido de forma repetitiva a modo de red.

ANDROCEO: Órgano masculino constituido por el conjunto de los estambres de una flor.

ANDRÓGINO, NA: Dicho de una planta, que tiene sobre un mismo pie flores masculinas y flores femeninas. Se aplica también a la inflorescencia que tiene flores de ambos sexos, simultáneamente o sucesivamente.

ANTERA: Parte superior del estambre que contiene el polen.

APERTURADO: Que posee aperturas. Se opone a inaperturado. Aperturate.

APERTURA: (del lat. perire, abrir), f. Rotura, adelgazamiento o zona diferenciada del resto de la superficie del polen o de la espora, a cuyo través puede salir el tubo polínico. Sin, de abertura germinal. Aperture.

APOLAR: Sin polos definidos. Apolar.

ÁREA: (del lat. área). Espacio o superficie delimitada.

BACULADO: (del lat. *hacolos,* bastón). Se aplica al grano de polen provisto de báculos. Baculare. Báculo. Elemento de ectexina en forma de bastoncillo cuya longitud es mayor de 1 µm.

BÍFIDO, DA: Dividido en dos partes sin llegar a la mitad de su longitud.

BILATERAL: Adj. Se aplica al grano de polen o a la espora con un único plano principal de simetría. Bilateral.

BORDEADO: Adj. Se aplica al polen que tiene las aperturas rodeadas de una exina diferente del resto de la superficie, bien sea por un cambio en la densidad de la ornamentación o por un diferente grosor. Anillo, margen.

CARA: Parte de la superficie de un grano de polen o espora.
CARPELO: Cada una de las hojas transformadas que componen el gineceo

CAVADO: (del lat. cavaros, hueco) adj. Se aplica al grano de polen con cáveas. Cavate cávea (del lat. cavéa), f. Cavidad entre sexina y nexina que se extiende hasta los márgenes de los colpos, donde se reúnen, ej. Asteraceae. Cavea.

CIMA: Inflorescencia cuyo eje acaba en una flor, al igual que sus ramificaciones laterales.

CISTIFORME: Forma de cistidio; relativo una célula, microscopica, estéril, generalmente ligeramente coloreada, cónica o cilíndrica al final de la hifa en el himenio de algunos Basidiomicetos.

COLPO: Apertura orientada en sentido longitudinal, cuya longitud es más del doble de su anchura. Colpus.

COLPORADO: Se aplica al grano de polen provisto de aperturas compuestas de un colpo y una o más endoaperturas en forma de poro.

COLUMNELLA: Pequeñas columnas debajo del téctum.

COLPOROIDADO: Se aplica al grano de polen provisto de colpos y de endoaperturas no bien diferenciadas.

CONTORNO: Ámbito. Corpus. La parte del grano de polen situada entre dos vesículas.

CORIMBO: Inflorescencia en la que las flores están situadas a un mismo nivel en la parte apical, naciendo sus pedúnculos a diferentes alturas del eje principal.

CRESTA: (del lat. crista). Arista prominente más o menos compleja, formada por elementos esculturales que se unen lateralmente. Crista. Crestado.

DECUMBENTE: Dicho de una planta, postrada, que tiene los tallos rastreros y tendidos sobre el suelo, pero sin que arraiguen en él. Se aplica también al tallo que presenta dicho hábito de crecimiento.

DICASIO: Inflorescencia cimosa en la que, por debajo del eje principal, el cual termina en una flor, se desarrollan dos ramitas laterales también terminadas en flor.

DISTAL: Se aplica al polo o a la cara del grano de polen y de la espora más alejada del interior de la tétrade. Se opone a proximal.

ENDOABERTURA: Endoapertura.
ENDOAPERTURA: Apertura de la endexina. Aperture.

EPIGINO: Flor con ovario ínfero; es decir se presenta el perianto y el androceo sobre el ovario.

EQUINADO: (del lat. echinatus, der. De echinus, erizo), adj. Con espinas o aguijones.

ESCÁBRIDO:(del lat. Scábridas, áspero), adj. Se aplica a la superficie del grano de polen cuyos elementos esculturales no sobrepasan 1 µm de longitud en todas direcciones, por ej. *Quercus rotondijiolio.* Scabrate. Escabroso.

ESCULTURA:(del lat. scolptoro) f. Grabaduras o relieve supratectal del grano de polen y de la espora. Sin, de ornamentación. Estructura.

ESFEROIDAL: Se aplica al grano de polen cuyo cociente eje polar/diámetro ecuatorial varía de 0,88 a 1,14 µm Spheroidal.

ESPIGA: Inflorescencia simple de flores sésiles o casi sésiles, generalmente erectas. Se diferencia del racimo en que las flores carecen de pedicelo o lo tienen tan corto que se da por inexistente.

ESPINA: Elemento escultural puntiagudo de altura mayor de 3 pm. Spina. Espinoso, adj. Equinado. Spinose.

ESPÍNULA: Diámetro mayor que la de espina. Espina cuya longitud es menor de 3pm. Spinule.

ESPOROPOLENINA: (del lat. *hacolos,* bastón), (del gr. orópog, simiente y polen). Sustancia química constituyente de la exina, resistente a la acetólisis.

ESPORODERMIS: (Del gr. uzrópo, semilla y derm, piel). Cubierta que rodea y protege la espora y el grano de polen.

ESTAMBRE (del latín *sanen*, hebras largas del vellón de lana). Es cada uno de los órganos florales masculinos portadores de sacos polínicos. (Microsporangios), que originan los granos de polen, (microsporas). Cada estambre generalmente tiene un filamento (del latín *filum*, "hilo"), y al final de él, la antera.

ESTEFANO: (del gr. *stepháne̅*, corona) Sin. de zono.

ESTEFANOCOLPORADO: Más de seis colporos en un mismo plano.

ESTEFANOPORADO: Más de seis poros en un grano de polen.

ESTRATO: (del lat. sírotos, manta). Subdivisión de la exina que se aplica al téctum, al infratéctum y a la base. Stratum estriado-da (del lat. *strio),* adj. Con los elementos esculturales dispuestos en surcos más o menos paralelos. Srriate.

ESTRIADO: Ornamentación de grano, de líneas finas, paralelas y longitudinales

ESTRUCTURA: (del lat. stroctora). Disposición interna de los elementos de la esporodermis. Escultura. Structure.

EXINA: (del lat. ex, fuera). La capa más externa de la esporodermis, constituida por esporopolenina.

FENESTRADO: (der. del lat. fenestra, ventana). Adj. Dícese del polen semitectado que presenta lagunas o ventanas simétricamente dispuestas.

FORMA: La que adopta el elipsoide al que se asimila el grano de polen y cuyo eje polar es el de rotación, basada en la relación entre el eje polar (P) y el diámetro ecuatorial (E). Shape classes

FOSULADO:(del lat. Fassolo, hoyo). Se aplica a los granos de polen carentes de relieve escultural, con la superficie provista de diminutas hendiduras alargadas e irregulares. V. Escrobiculado. Fossulate.

GINECEO: Conjunto de los órganos femeninos de la flor.

GLOBAL: Aplícase a los granos de polen cuyas numerosas aperturas se distribuyen regularmente por toda su superficie.

GRANA: (pl. lat. de *granorn).* El polen. Grana

GRÁNULO: (de gr. de granorn grano). Elemento escultural menor de 1 pm, de contorno más o menos redondeado. Granulum.

HETERO: Pref. Desigual.

HETEROBROCHADO: Con malla de la retícula, con lúmina y muri de tamaños visiblemente diferentes.

HETEROCOLPADO: Se aplica al grano de polen provisto de colpos simples y compuestos. Heterocolpado.

HETEROPOLAR: Se aplica al grano de polen o espora cuyas caras distal y proximal son diferentes entre si.

HETERÓSPORO-RA: Se aplica a la planta que tiene más de una clase de esporas ágamas, como los pteridófitos, que producen macrósporas y micrósporas. Heterosporous.

HEXA: Seis.

HIPANTO: Es la estructura que resulta de la fusión de las diferentes partes florales.

HIPÓGINO, NA: (1) Dicho de una flor, que tiene el ovario súpero. (2) Dicho de una pieza floral, que se inserta sobre el tálamo por debajo del ovario.

INAPERTURADO: (del lat. inapertoratos), adj. Desprovisto de aperturas, por ej. en el gén. *Popolus* sp. Inaperturate.

ÍNFERO, RA: Dicho de un ovario, que ocupa una posición inferior con respecto a las demás piezas de la flor y es concrescente con el tálamo.

INFRATECTADO: Término genérico para la capa que esta debajo de la cubierta o tectum, puede ser alveolar, granular o sin estructura. Sin. de intersticio.

INTER: Pref. del lat. ínter, entre dos cosas.

INTINA: (del lat. intos, dentro). Capa más interna de la esporodermis que rodea el citoplasma, usualmente poco resistente a la acetólisis por su naturaleza celulósica. Intine.

IGUAL: Isodiamétrico; adj. Se aplica a la tétrade cuyos miembros son de parecido tamaño. Isodiametrie tetrad.

ISOPOLAR: Se aplica al grano de polen o a la espora en cuyas caras polar y proximal no hay diferencias. Hopolar.

ISODIAMÉTRICO: Se aplica a la tétrade cuyos miembros son de parecido tamaño.

LALONGADO: (del lat. *Lotos* y *elangatos*), Adj. Se aplica a las aperturas colporadas cuyas endoaperturas están alargadas transversalmente. longate.

LOLONGADO: Nombre que recibe una endoabertura de un grano colporado en posición alineada con el colpo.

LOFADO: Adj. (del gr. lofog, cresta). Se aplica al grano de polen con crestas que rodean depresiones o lagunas. Lophate.

LUMEN:(del lat. *lomen,* amplitud de un orificio). Espacio rodeado por muros en el polen reticulado. Lumen.

MELISOPALINOLOGÍA: (del griego melisa abeja y palinología), Parte de la Palinología que trata del polen contenido en la miel así como del transportado por las abejas.

MELITOPALINOLOGÍA: (del gr, melito miel y palinología). Melisopalinología.

MARGEN:(del lat. *morga,* margen). Área diferenciada de la exina por el grosor o por la ornamentación, que rodea una apertura colpada. Margo.

MERIDIONAL: adj. Relativo a la superficie perpendicular al ecuador de un grano de polen o de una espora. Intermedio, mediano.

MESOCOLPIO: Mesocolpo.

MESOCOLPO: Área cerca al eje polar que esta limitado por los colpos.

MICRO: Pequeño, para designar los elementos esculturales cuyas longitudes menores de 1 µm. Microreticulado.

MICROSPOROGENESIS: Es el proceso mediante el cual se forman esporas en el interior del microsporangio (o sacos de polen) en las plantas con semillas. Una célula diploide, llamada microsporocito o célula madre del polen, sufre la meiosis y da lugar a cuatro microsporas haploides. Cada microsporas se desarrolla en un grano de polen (el microgametofito).

MICROGAMETOGENESIS: Es el proceso de reproducción de las plantas en un microgametofito se desarrolla en un grano de polen hacia la tercera etapa unicelular de su desarrollo.

MÓNADE: (del lat. *monas-adis,* unidad). Unidad orgánica.

MONO: Pref. (del gr. *póvog,* Único.) Denota uno. Monoporado; monocolpado; monosulcado. Monoporate. Monocolpate. Monosulcate.

MONOCASIO: Inflorescencia cimosa en la que, por debajo de cada uno de los ápices, que terminan en una flor, se desarrolla una ramita lateral también florífera

MURO: (del lat. *moros,* muro), m. Muro o cresta que separa dos lúmenes en los granos de polen reticulados o dos estrías en los estriados. V. lira. Murus.

NEXINA: (del ingl. non-sculprured y exina), f. Parte interna de la exina, lisa, no estructurada, que comprende la base (nexina- 1) y la endexina (nexina-2).

OBCORDADO, DA: Dicho de una hoja cordiforme, que tiene la parte más ancha en el ápice.

OBLADO: (del lat. *oblatos*). Adj. Muy ancho. Se aplica al polen y a las esporas radiosimétrico isopolares, cuando la razón eje polar/diámetro ecuatorial es 0,75-0,50. Se opone a prolato. Oblate. Oblato.

OBLADO-ESFEROIDAL: Adj. Se aplica al polen y esporas radiosimétricos isopolares, cuya razón eje polar/ diámetro ecuatorial es 1,00-0,88 µm. Oblate spheroidal.

OBOVADO, DA: De forma inversamente ovada, con la parte ancha en el ápice.

OPERCULADO: Adj. Provisto de opérculo. Operculate. (Palinología) Recibe este nombre el hecho de cerrar las celdillas de donde nacerán las reinas, abejas y machos y las de miel (apicultura)

ORNAMENTACIÓN: Escultura, elementos esculturales. Ornamentation.

PALINOLOGÍA: (de palmo-y logia, suf. del gr.*ióyog,* lenguaje). Tratado del polen y de las esporas.

PALINOTECA: Colección ordenada de material microscópico polínico y de esporas para su observación.

PERFORADO: (del lat. *perfarotos*). Con agujeros menores de 1 µm de diámetro. Se aplica tanto a la superficie de un elemento escultural como a la tectal. Perforate.

PERIANTO: Envoltura floral compuesta por el cáliz y la corola.

PERÍGINA: Cuando los verticilos se insertan por encima de un hipanto, este hipanto puede estar soldado o no, al ovario. Se puede encontrar flores períginas con ovario súpero o con ovario ínfero.

PEROBLATO: Grano de polen radiosimétrico isopolar cuya razón eje polar/diámetro ecuatorial es menor de 0,5 µm.

PERPROLATO: Grano de polen radiosimétrico isopolar, cuya razón eje polar/ diámetro ecuatorial es mayor de 2; pertectado, provisto de un téctum ininterrumpido.

PISTILO: (1) Gineceo. (2) Cada uno de los carpelos que integran un gineceo apocárpico.

PLANO ECUATORIAL: El plano perpendicular al eje polar en su punto medio;

POLEN: (del lat. *pallen*, polvo muy fino, la flor de la harina). Células de forma y dimensión variables, dotadas de una cubierta muy resistente o esporodermis, que se forman dentro de los sacos polínicos del estambre y tienen como misión, una vez formado el microgametofito pluricelular, fecundar el óvulo. Pollen.

POLI: Mucho, numerosos.

POLÍNICO: Adj. Propia del polen o relativa al mismo: Cemento polínico, material pegajoso producido por el tapete, que agrupa los granos de polen durante la dispersión; tipo polínico, categoría morfológica que incluye taxones de rango diverso que se distinguen por un carácter aislado o por una combinación de caracteres.

POLINIO: (del lat. *palliniom),* m. Masa de granos de polen que comprende la totalidad de los existentes en cada teca, por ejemplo en orquídeas y asclepidaceae. En general está sostenido por un pedículo o caudícula y un ensanchamiento viscoso basilar o retináculo. Polliníum.

PROXIMAL: El más próximo al centro de la tétrade; polo distal el opuesto al polo proximal. Distal pole.

PORADO: (del lat. *porotos).* Provisto de endoaperturas en forma de poro. Porate. Poral, adj. Relativo al poro. Laguna poral, la que rodea una endoapertura del grano de polen lofado. Poral lactina

PORO: (del lat, *paros,* vía o camino). Lugar por donde surge el tubo polínico al germinar el grano de polen, de contorno más o menos isodiamétrico, que suele situarse en un surco germinal (poro germinal). 2. En las esporas fúngicas, aréola de membrana más delgada por donde sale el tubo germinativo. 3. Los granos de polen tectados pueden tener el téctum perforado con muchos agujeros de diámetro menor de 1 µm

cuya misión es la de intercambio a través de las cubiertas polínicas. Pore.

POROS: (de poro y orado), adj. Con ectoaperturas y endoaperturas, ambas en forma de poro. Pororate. Pororado-da.

PROLATO:(del lat. *pralatus).* Adj. Se aplica al polen y a las esporas radiosimétricos isopolares cuya razón eje polar/diámetro ecuatorial es de 2,00 a 1,33 µm Se opone a oblato. Prolate.

PROLATO-ESFEROIDAL: Se aplica al polen y a las esporas radiosimétricos isopolares cuya razón eje polar/diámetro ecuatorial es de 1,14 a 1,00 µm.

POLO PROXIMAL: Cara proximal. Se opone a distal.

PSEUDOCOLPO: Colpo que no da salida al tubo polínico. Relativo a faso colpo. Pseudoaperture: pseudocolte

PUBESCENCIA: Conjunto de pelos finos y suaves que cubren un órgano.

PUNTO: (del lar. *poncrom,* punto). Perforación del téctum menor de 1 µm de longitud o de diámetro. Punctum

PUNTEADO: Perforado. Puntate.

RACIMO: Inflorescencia que consta de un eje de crecimiento indefinido a cuyos lados van brotando flores dispuestas sobre pedicelos.

RADIAL: Adj. Referente al radio. Regularmente simétrico con respecto a un centro.

RADIOSIMÉTRICO: Adj. Se aplica al grano de polen y a la espora con más de dos planos verticales de simetría y en el caso de ser sólo dos los planos, siempre con los ejes ecuatoriales de igual longitud.

RAQUIS: (1) Nervio medio de las hojas compuestas sobre el que se insertan los folíolos. (2) Eje principal de una inflorescencia.

RECEPTÁCULO: Extremo más o menos dilatado del pedúnculo que constituye el asiento de las diversas flores de un capítulo. También; tálamo, parte axial de una flor sobre la que se insertan los diversos verticilos de la misma.

RELIEVE: Ornamentación, elementos esculturales.

RENIFORME: Que tiene forma o figura de riñón.

RESINA: Sustancia sólida o de consistencia pastosa, insoluble en agua, soluble en alcohol y en aceites esenciales, capaz de arder en contacto con el aire y que se obtiene de forma natural de ciertas plantas.

RESINÍFERO, A: Que produce resina.

RETICULADO: Adj. Se aplica a los granos de polen o esporas con la superficie provista de muros o crestas que bordean lúmenes de más de 1 pm de anchura, ordenados conforme a las mallas de una red; por ej. en el gén. *Oleo.* Reticulate.

RETÍCULO: (del lat. *reticolom,* redecilla). Tejido en forma de red. Reticulum.

RUGULADO: (del lat. *rogolatos,* arruga), adj. Se aplica al polen con los elementos esculturales de más de 1 pm de longitud, distribuidos irregularmente por la superficie; por ej. gén. *Ulmus.* Intermedio entre estriado y reticulado. Rugulate.

SEMITECTADO: (de tectado con el pref. der. del lat. *sentí,* la mitad), adj. Se aplica al grano de polen cuyo téctum está parcialmente ausente. Sin, de téctum parcial. Semitectate.

SÉPALO: Cada una de las piezas que componen el cáliz.

SEXINA: (del ingl. sculptured-exina). Parte más externa de la exina. Estructurada, que comprende: los elementos esculturales (sexina-3), el téctum (sexina-2) y las columelas o báculos infratectales (sexina-1).

SINCOLPADO: Con los colpos anastomosados en los polos. Sincolpate

SINUAPERTURADO: (del lat. *sinoatus.* curvado, sinuoso). Se aplica al grano de polen con las aperturas situadas en la mitad de cada uno de los lados cóncavos que forman el ámbito o contorno. Sinuaperturate.

SIMPLIBACULADO: Muros con una sola hilera de báculos infratectales.

SUB: Pref. Que denota tendencia o aproximación.

SUBESFEROIDAL: Adj. Se aplica a la espora o al polen cuya razón eje polar/diámetro ecuatorial es de 0,75 a 1,33 µm.

SUBOBLATO: Adj. Se aplica a la espora o al polen cuya razón eje polar/diámetro ecuatorial es de 0,75 a 0,88 µm. Suboblate.

SUBPROLATO: Se aplica a la espora o al polen cuya razón eje polar/diámetro ecuatorial es de 1,14 a 1,33. µm. Subprolate sulcado-da (del *lat.so/catos,* surcado), adj. Se aplica al polen provisto de sulcos; por ej. en gimnospermas y monocotiledóneas. Sulcate.

SUPRATECTAL: (del lat. *sopro,* que denota situación superior y tectal). Se aplica a la situación de los elementos esculturales en los granos de polen tectados. Supratectal.

TAMAÑO: El tamaño del grano de polen se define por la longitud media del eje más largo y se clasifica como: muy pequeño, menor a 10 µm; pequeño 10-25 µm; medio 25-5O µm; grande 50 - 100 µm; muy grande 100-200 µm; gigante mayor 200 µm.

TECTADO: Adj. Provisto de téctum. Se opone a intectado. Tectate.
TECTUM: Cuando los tegilos cubren el 80% o más de la superficie total del grano, sin incluir las aberturas. Puede ser continuo o no.

TEGILO: Parte más o menos horizontal de la exina, formada por la unión lateral de los procesos radiales de la sexina.

TEXTURA: V. Estructura.

TETRADA: Forma incorrecta de tétrade.

TÉTRADE: (del gr. *tetra,* cuatro), f. Conjunto de las cuatro células haploides originadas a partir de la célula madre por meiosis.

TRI: Que denota triplicación. Tricolpado; tricolporado, triporadoda; Trisulcado; Triporado; Trisulcado.

TRICOLPORADO: Con tres aperturas compuestas en combinación de poros y colpos.

TRIPORADO: Con tres aperturas tipo poro.

ULCERADO:(del lat. *ulcerare,* ulcerado). Con una úlcera en la cara distal (ana-ulcerado) o en la proximal (cata-ulcerado). Ulcerate

VERRUGA: (del lat. *verruca,* prominencia, excrecencia). Elemento escultural más ancho que largo, de diámetro mayor de 1 µm, no puntiagudo y con la parte baja no constreñida, por ej. gén. *Plantago.*

ZONO: (del griego zon, faja). Que indica la posición ecuatorial de ciertos caracteres, como las aperturas. Zonoporado; zonocolpado; zoni-aperturado. Sin. de estéfano.

TABLA DE CONTENIDOS

yes
I want morebooks!

Buy your books fast and straightforward online - at one of world's fastest growing online book stores! Environmentally sound due to Print-on-Demand technologies.

Buy your books online at
www.morebooks.shop

¡Compre sus libros rápido y directo en internet, en una de las librerías en línea con mayor crecimiento en el mundo! Producción que protege el medio ambiente a través de las tecnologías de impresión bajo demanda.

Compre sus libros online en
www.morebooks.shop